品读世界文学经典·享受快乐美好童年
以阅读带动写作·以写作深化阅读

好孩子书屋

森林报

彩图升级版

学生课外阅读丛书

[苏] 维塔里·比安基◎著

宋　璐◎编

成都地图出版社

图书在版编目（CIP）数据

森林报 / [苏] 维塔里·比安基著；宋璐编. -- 成
都：成都地图出版社有限公司, 2019.8
ISBN 978-7-5557-1274-9

Ⅰ.①森… Ⅱ.①维… ②宋… Ⅲ.①森林－儿童读
物 Ⅳ.①S7-49

中国版本图书馆 CIP 数据核字(2019)第 198116 号

彩图升级版
森林报
SENLIN BAO

著　　者:[苏] 维塔里·比安基
编　　者:宋　璐
责任编辑:陈　红
出版发行:成都地图出版社有限公司
地　　址:成都市龙泉驿区建设路 2 号
邮政编码:610100
电　　话:028-84884827　　028-84884826(营销部)
传　　真:028-84884820
经　　销:全国新华书店
印　　刷:济宁华兴印务有限责任公司
开　　本:710mm × 1000mm　　1/16
印　　张:20
字　　数:300 千字
版　　次:2019 年 8 月第 1 版
印　　次:2019 年 8 月第 1 次印刷
书　　号:ISBN 978-7-5557-1274-9
定　　价:32.80 元

　　自古有言，"书籍是知识的宝库，是人类进步的阶梯""读万卷书，行万里路"……由此可知，书籍是人类的精神食粮，并且让人终身受益。小学生正处于接受知识、培养个性和人格的初级阶段，在这个时期，阅读优秀的书籍，能够让他们形成正确的人生导向。

　　优秀的文学作品中往往蕴含着丰富的文化底蕴和深刻的历史内涵，而名著则是文学作品中最为经典的部分，法国思想家笛卡儿曾说："阅读名著就像和高尚的人进行谈话，这些伟人在谈话中向我们展示的是他们的智慧和思想。"其实每一部名著都是一段历史的缩影，它深刻地再现了那个时期的历史背景、文化、经济发展和科技水平，所谓"读史使人明智"，我们在一次次历史的变革中积累了各种经验及教训，它依然适用于今天的社会发展。

　　名著中各种鲜明的英雄人物形象也会为孩子树立良好的榜样，并对他们的人生观和价值观产生积极的影响。

　　为此，我们精心编选了这套《好孩子书屋》丛书，分辑推出。本套丛书内容丰富，通俗易懂，为孩子扫清字词等阅读障碍，帮助理解并积累阅读点滴；还详细地再现了相关的故事，并配有精美的插图，使故事更具画面感，生动活泼，极具趣味性。孩子们带着一颗好奇的心和轻松的阅读状态进入一个充满知识和智慧的阅读世界，不仅能收获书中的知识，还能收获一个充实而美好的精神世界。

　　愿本套丛书能得到孩子们的喜爱，陪伴孩子们走过纯真、快乐的童年时光！

目录 CONTENTS

阅读提示

春天到来了，万物复苏。天气变暖，雪开始融化，小动物们脱掉身上的白毛，换上别的颜色的皮毛；白嘴鸦纷纷返回北方；兔妈妈生下了小兔子；榛子花在光秃秃的树枝上开放了……

春之卷

冬眠苏醒月

森林中的大事记

来自森林的第一封电报

白嘴鸦打开了春天的大门。在所有冰雪初融的地方，都出现了一群一群的白嘴鸦。

白嘴鸦是在我们国家的南方过冬。它们急匆匆地往回赶——回到北方——回到家。在路上，它们不止一次地遭遇了暴风雪。成百上千的伙伴**筋疲力尽**(形容非常疲乏，连一点力气也没有了)，死在了半路上。

第一批飞回来的是那些最强壮的。现在它们可以好好休息了。你看，它们踱着方步，雄赳赳，气昂昂，正在用结实的嘴巴刨土玩呢。

遮满天空的厚厚的乌云飘走了。在蔚蓝的天空中飘拂着大朵的白云，仿佛一块块巨大的雪堆似的。第一批野兽宝宝出生了。麋鹿和牡鹿都长出了新犄角。森林里，金翅雀、山雀和戴菊鸟一起唱起歌来。我们等候着椋鸟和云雀。我们找到了熊洞，它就在

名师讲堂

开门见山地向读者介绍春天的到来，引出下文。

名师讲堂

环境描写，表明春天到来后天气开始变好。

—— 1 ——

那棵被掘起的杉树树根的下面。我们轮流守候,准备报道它的到来。一股股融化的雪水在冰下面聚集。森林里到处都是滴滴答答的声音:树上的雪在融化。晚上,严寒重新把它冻成冰。

名师讲堂
用拟声词表现出大自然中声音的奇妙。

雪地里的宝宝

田野里还有积雪,可是白兔妈妈已经生下了小兔。

兔妈妈生的小兔们,都穿着暖和的小皮袄。它们刚出生,已经会跑了。瞧,它们**蹦蹦跳跳**(正在蹦跳嬉戏的;喜欢蹦跳的)地来到妈妈身边,吃饱奶就跑到灌木丛和树墩下面躲起来,乖乖地躺在那儿,不吵也不闹,虽然它们的妈妈已经跑得不知去向了。

名师讲堂
采用拟人的修辞手法,表现出了小兔子的可爱。

一天、两天、三天过去了。兔妈妈还在野地里到处乱逛,它太贪玩了,早把自己的小宝贝给忘记了,可是小兔们仍旧乖乖地躺在那儿。它们可不能乱跑:如果被老鹰看见,或者被狐狸发现,那可不得了啊。

名师讲堂
解释说明了小兔子们不能乱跑的原因。

瞧,妈妈跑过来了。不对,这不是它们的妈妈——是一位兔阿姨。小兔们跑到它跟前,仰着小脑袋:"阿姨,阿姨,喂喂我们吧!""行呀!来,吃吧,宝宝。"兔阿姨喂完它们,就蹦蹦跳跳地跑开了。

名师讲堂
自问自答,引起读者注意,启发思考。

小兔们又回到灌木丛中去了。这时候,妈妈在哪儿呢?原来呀,妈妈正在其他地方喂着别家的小兔呢。

兔妈妈们早就说好了:所有的兔宝贝,都是大家共同的孩子。不管在哪儿碰见小兔宝宝,都要喂它们奶吃。所以自己的宝贝,也有别的妈妈照顾。

你可能会想:这些没有父母照顾的小白兔怎么生活呀?其实,你一点儿都不用担心——它们穿着小皮袄,多暖和呀。兔阿姨们的奶又是那么香,那么浓,只要吮上一回,可以饱上好几天呢!

过了八九天,小兔们已经长出了牙齿,可以一点点地吃草了。

第一个蛋

乌鸦妈妈是所有鸟妈妈中最先下蛋的。它的家就在高高的杉树上面,被一层厚厚的积雪**覆盖**(指遮盖、掩盖)着。天气太冷了!乌鸦妈妈很担心,蛋可不要冻破啊!自己的宝宝还在里面呢!它一刻也不敢离开自己的家,找食物的任务就落在了乌鸦爸爸的头上!

第一批花

第一批花出现了,不过,你在地面上却找不到它们——地面还被雪盖着呢。森林里,可以听到潺潺的流水声了,有些沟渠里的水甚至已经漫到了沟沿。看,就在这里,在这春水上方,光秃秃的榛子树枝上,第一批花开放了。

一条条柔软的灰色小尾巴,从枝头垂下来,它们叫做菜黄花序,其实它们并不像菜黄花序。你要是摇一摇这样的小尾巴,花粉就扑簌簌地飘落起来。

还有奇怪的呢:就在这几根榛子树枝上,还长着另外的花朵。这些花,有的两朵,有的三朵生在一起,看上去很像蓓蕾,只是在每个"蓓蕾"上面,伸出一对鲜红色的像小舌头的东西。原来这是雌花的柱头,它们总能接到从别的地方随风飘来的花粉。

风自由自在地在光秃秃的树枝间散着步,没有树叶,没有东西妨碍它摇晃那些小尾巴,或者吹散那些彩色的花粉。

榛子花将来是要凋谢的,小尾巴也是要脱落的,那些蓓蕾上粉色的小舌头也是要干枯的。到了那时,每一朵这样的小花就会变成一颗成熟的榛子。

春天里的小花招

在森林里,猛兽常常攻击爱好和平的小动物。在哪儿看见,就在哪儿抓住。

冬天里,白雪铺满了大地。兔子、鹌鹑,还有其他毛色雪白的小动物,都不会让你轻易发现。可现在,雪融化了。你从远处就能看见狼呀、狐狸呀、鹞鹰呀、猫头鹰呀,甚至像白鼬、伶鼬这些白色的小动物,它们已经在变黑的土地上活动了。

于是,白兔子和白鹌鹑就耍起花招来:它们开始脱毛,开始给自己化装。小白兔变成了小灰兔,白鹌鹑掉了好多白羽毛,在掉毛的地方,重新长出了褐色和红色带条纹的新羽毛。现在,你发现不了它们了——它们换装了。

4

那些攻击它们的野兽，也不得不照他们学了。伶鼬在冬天里，曾是浑身雪白，白鼬也是一样，只是尾巴尖的地方是黑色的。这样，它们就能偷偷地接近那些**温和**(气候不冷不热，温度适当；性情温柔、平和，力量不猛烈)的小动物了：白色对白色。可是现在，人家都换毛了，它们也得跟着换啊。伶鼬全身都是灰的了，白鼬的尾巴尖还像以前一样没有变化，还是黑色的。但这没有关系呀，因为地面也有一片片黑的干枯的树叶、小树枝什么的，特别是在草地上，这种小黑点不是要多少有多少吗？

名师讲堂

承上启下，野兽们为了抓到小动物，也不得不进行换装。

冬季里的客人准备出发喽

在我们区所有的公路上，你能看到一群一群的白色小鸟，它们是什么鸟呢？很像鹀鸟。我们叫它们雪鹀和铁爪鹀，它们就是在我们这儿过冬的客人。

它们的故乡是在冻土地带——北冰洋的一些海岸和一些小岛上。要过很久很久土地才会解冻呢。

名师讲堂

用疑问句的形式表示确定的意思，目的在于加强语气。

名师讲堂

向读者们介绍了公路上的白色小鸟。

雪崩

森林里发生了可怕的雪崩。

松鼠妈妈还在暖和的巢里睡着大觉，它的家就

搭在一棵高大的云杉树的树桠上。

突然，一大团雪球从上面直接砸到了巢盖上。松鼠妈妈立刻蹿了出来，它的那些可怜的小宝宝刚刚出生，那么无助，都留在巢里了。

松鼠妈妈明白过来了，是雪崩，它马上把雪扒开。太幸运了，雪只压住了由粗枝搭成的巢盖，窝还是好好的，铺着蓬松的苔藓，一点儿都没坏。巢里的松鼠宝宝还没有醒呢！它们是那么的小——眼睛都还没有睁开，耳朵也听不到，浑身光溜溜的，和小老鼠一样大。

名师讲堂

对松鼠宝宝的外形进行描写，突出了它们的小。

潮湿的房间

雪一点一点地融化着。住在森林地下室里的住户们，日子可就不好过啦！鼹鼠、鼩鼱、野鼠、田鼠，还有狐狸，这些住在地洞里的小动物，都被潮湿害苦了。现在都这么难受，等到雪都化成水的时候，那可怎么办啊？

名师讲堂

运用反问，引起读者的反思。

神秘的茸毛

沼泽里的雪融化了，一个个草墩里面满是水。在草墩下面，一些银白色的小穗闪着光泽，随风在绿色的草茎上**摇曳**（摇摆；摇荡）着。难道是去年秋天的种子，没来得及飞走？难道它们在雪里埋了一冬天？不对——它们太干净了，太新鲜了。

如果你把这种小穗采下来，把茸毛拨开，谜底就出现了。原来就是花呀！柔丝般的白色茸毛中间，黄色的雄蕊和纤细的柱头出现了。

名师讲堂

一连串的提问，目的在于激发读者的阅读兴趣。

在四季常青的森林里

不只是在热带或者是在地中海沿岸才有那些四季常青的植物,在我们这儿——北方,也可以看到四季都是绿色的森林——在这样的森林里,遍布着绿色的小灌木丛。如果现在——新年的第一个月份,如果你在这样的森林里散步,你的心情会特别愉快的,因为这里没有褐色的烂叶子,也没有那些让人难以忍受的干草。

名师讲堂

表明结论不唯一,在北方也有绿色的森林。

毛茸茸的小松树,从远处看去,绿油油,灰蒙蒙的。在这些小树中间玩一会儿,该多愉快啊!这儿的一切都是那么生动:柔软的青苔泛着绿光,越橘的叶子闪闪发亮,石楠柔柔的枝条上,长满了小小的叶芽,像是一片片绿色的鳞片,树枝上还保留着去年的浅紫色的小花!

名师讲堂

运用排比、比喻的修辞手法,表现出了森林的生机勃勃。

在沼泽的周边,还可以看到一种常绿的灌木——蜂斗菜。它的叶子是暗绿色的,叶沿向上卷起,顺着边沿看上去,就可以看到白色的叶子背面了。不过,谁也不会把目光只留在叶子上,因为还有更有意思的东西呢:花!漂亮的、粉色的、像小铃铛一样的小花!多像越橘花啊!在这样早的春天里,在森林里能够找到花,多么让人高兴啊!如果你能采一束,把它带回家——谁会相信这是从野外带回来的呢?他们肯定会说,这是从温室或者花棚里找到的。

名师讲堂

从侧面表现出初春的花朵是非常稀少的。

鸫鹰和白嘴鸦

"噼——啪!呱——呱——呱——"什么东西从我头上飞过去了?我一抬头:啊!有五只白嘴鸦在

名师讲堂

未见其形,先闻其声,引起读者的阅读兴趣。

追一只鹞鹰。鹞鹰左躲右躲，最后还是被追上了，白嘴鸦们用嘴使劲地啄它的头。鹞鹰痛得大叫，到处乱飞，最后终于侥幸脱身，狼狈地逃走了。

我站在高高的山顶上，能够看很远。我看见，这只鹞鹰落在远处的一棵树上休息——还没缓过神——不知从哪儿又冒出来一大群白嘴鸦，尖叫着向它扑去。鹞鹰一下子疯狂了，狠狠地冲着一只白嘴鸦飞过去，狂叫着。

那只白嘴鸦害怕了，急忙闪开。这时，鹞鹰**机敏**（指机警敏锐，对情况的变化觉察得快；或形容动作敏捷）地冲上高空，远远地飞走了。白嘴鸦们看着到嘴的猎物跑掉了，也就解散了队伍，四散飞到田野里去了。

名师讲堂

动作描写，表现出了鹞鹰十分勇敢。

来自森林的第二封电报

椋鸟和云雀飞来了。它们唱起了歌。

我们耐心地等着，熊还是没从洞里爬出来，难道它在里面冻死了？大家瞎想着。

突然，洞上面的雪震动起来。

不过，从洞里面爬出来的东西一点儿也不像熊。你以前肯定没见过这种野兽，个头有小猪那么大，浑身长满了毛，黑色的肚皮，灰白的脑袋上面长着两道黑色的条纹。

原来，这不是熊洞啊，是獾洞，刚才爬出来的是獾。

现在，它已经不再冬眠了。每夜，它都去森林里找蜗牛、幼虫、甲虫，吃树根和草根，逮田鼠来充饥。

我们开始满森林地找熊洞，终于找到了，就在那

名师讲堂

对野兽的外貌进行描写，目的在于引起读者的阅读兴趣。

儿,这回可是真正的熊洞。

熊还在睡觉。

水已经漫到冰上来了。

雪塌下去了。琴鸡到了发情的季节,开始四处求偶;啄木鸟在树上,咚咚咚,咚咚咚,一个劲儿地敲着鼓;看,刨冰的小鸟飞来了——人们都叫它鸧。

以前那条可以在上面滑雪橇的路,已经泥泞不堪了。现在,我们再走这条路,只能坐马车,滑不了雪橇了。

城市新闻

屋顶上的音乐会

每天晚上,屋顶上都会举行音乐会,这是由小猫咪们组织的。它们很喜欢这样的音乐会。不过,每次音乐会都会以歌手们群殴而收场。

在阁楼上

最近一段时间,一位《森林报》的工作人员跑遍了市中心的住宅区,考察动物们在阁楼上的生存状况。

那些鸟栖身在阁楼的角落里,它们对自己的住宅很满意。谁要是冷,谁就住得离烟囱近些,享受免费暖气。母鸽子们已经开始孵蛋了;麻雀和寒鸦飞遍了整个城市,搜集搭窝用的稻草和做软垫子用的绒毛和羽毛。

鸟儿们最不喜欢猫和淘气的男孩子,因为他们老搞恶作剧,弄坏它们辛辛苦苦才做成的窝。

麻雀风波

椋鸟房旁边，乱哄哄的，又吵又叫，绒毛、羽毛、稻草飞得到处都是。

原来是房间的主人——椋鸟——回来了，椋鸟发现麻雀占了自己的巢，就把它揪着往外攮。椋鸟很生气，把麻雀放在房间里的羽毛褥子也扔了出去，甚至连麻雀的味道都不允许有！

有个水泥工人正站在梯子上干活，他把水泥抹在屋檐的裂缝上。麻雀看了看屋檐，好像想起了什么，大叫一声，向工人的脸上扑了过去，水泥工人拿着小铲子挥舞着攮它，但它就是不走。他怎么也想不到，他把裂缝里的麻雀窝给封上了，那里面还有麻雀的蛋呢。

一片吵闹声，一片争斗声！绒毛、羽毛飞得到处都是。

还在做梦的绿豆蝇

房子外面出现了一些很大的绿豆蝇，身体蓝里带绿，闪闪发光。和秋天时一样，迷迷糊糊的，好像梦游一样。它们还不能飞，沿着屋子的墙壁来来回回地爬着，摇摇晃晃地一步一步地挪着细腿。

它们白天都在晒太阳，晚上才爬回墙壁和栅栏的裂缝中。

苍蝇虎，一群流浪汉！

屋外出现了一群流浪汉——苍蝇虎。

俗话说，狼是靠腿来找吃的。苍蝇虎也是这样。它们不会像其他蜘蛛那样织那么复杂的网；它们很简单，它们进攻苍蝇等昆虫的时候，就使劲一蹦，跳到其背上就吃。

石蝇

从河面冰缝间的水里爬出了一些灰色的小稚虫。它们**慢慢悠悠**（不着忙，慢条斯理的）地爬到岸边，从厚厚的外壳里解脱出来，变成了另外的样子——扇着翅膀、身材细长的昆虫。它们既不是苍蝇，也不是蝴蝶，它们的名字叫石蝇。

它们的翅膀虽然又长又轻，可还不能飞：它们太弱了，还需要阳光来抚慰呢。

它们爬着穿过马路。过路的人踩着它们，马蹄子踏着它们，汽车轮子压着

名师讲堂

作者使用了转折句,意在赞美石蝇坚持不懈的精神。

它们,麻雀啄着它们。可它们还是前进,再前进——它们有成千上万只呢! 只要爬过了马路,就可以到房屋的墙壁上晒太阳了。

森林村的观测站

名师讲堂

简明扼要地介绍了物候学观测站的历史来源。

从 19 世纪开始,著名的自然科学家凯戈罗多夫教授开始在森林村进行物候学观察以来,这种观察一直在进行。

在地理协会下,设有一个以凯戈罗多夫教授命名的专业委员会,组织着物候学观察者的工作。

名师讲堂

向读者们解释说明了自然历的作用。

全国各地爱好物候学的人,都给委员会发来自己的报道,记录着多年来鸟儿的**迁徙**(迁移;搬家)史,植物花开花谢的规律,昆虫的出没等。根据这些记录,我们可以编成一部自然历了,这部历书能够帮助我们预报天气和确定各种农事活动的日期。

成立于森林村的物候学观测站已有五十多年的历史了。像这样的观测站,世界上只有三个。

请准备房间吧

谁希望椋鸟来到自己的花园**安家落户**(指到一个新地方安家,长期居住)呢? 那你就得赶快给它们准备房间啦。房间一定要干净,房间的门一定要开得很小,让椋鸟能钻进去,猫爬不进去。也不能让猫把爪子伸进去,房间门里面还得钉上一块木头做的三角板。

小蚊子的舞蹈

在欢乐祥和的日子里，小蚊子开始在空中跳舞了。

请不要害怕：它们不是叮人的蚊子，它们是舞蚊。

轻盈的小蚊子，一群群地聚集在一起，像根柱子一样，在空气中晃动着，旋转着。在那儿，有很多这种舞蚊的地方——这些**萦绕**（萦回环绕）在空中的小黑点，和雀斑一样显眼。

名师讲堂

运用比喻的修辞手法表明小蚊子的数量之多。

第一批小蝴蝶

蝴蝶出现了，它出来透透气，顺便在太阳光下把自己的翅膀烘一烘。第一批出现的，是在阁楼顶上过冬的黑褐色带黄斑的荨麻蝶，还有一些淡黄色的柠檬蝶。

名师讲堂

向读者介绍了第一批出现的蝴蝶的种类及其体色特征。

在公园里

在公园里，雌燕雀唱着响亮的歌，它们挺着淡紫色的胸脯，伸着浅蓝色的脑袋，蹦蹦跳跳地聚在一块

名师讲堂

运用拟人的修辞手法，形象地表现出了燕雀们的快活。

儿,等待着总是迟到的雄燕雀。

新的森林

植树造林会议召开了,森林学家、林业工作人员、农学家们都来了。

为了在我们伟大祖国的草原地区造一大片森林,科学家们在一百年前就开始勘察和实践工作了。他们选定了三百多种乔木和灌木,用来做草原植树的树种。对于不同的草原特性,它们的适应力都是很强的。比如,对于顿尼茨草原来说,把栎树跟锦鸡儿、忍冬和其他灌木混杂着种在一起是最适宜的。

我们的工厂已经研制出一种新机器,利用它可以在很短的时间内栽上很大一片树苗。

现在,我们已经造出了几十万公顷森林。

最近几年,我们全国还要造出几百万公顷的新森林。它们能够很好地帮助我们提高农作物的产量。

春天的花朵

院子里开出了叫做款冬的黄色的小花。

街上,有人在叫卖一束束春花,这些花儿是森林里第一批开放的花。

卖花人把它们叫做"雪下紫罗兰",虽然它们的颜色和味道都不大像紫罗兰。其实,它们真正的名字叫蓝耳草。

树木也醒了过来——白桦树内的树汁已经开始流动起来。

谁游过来了

在森林村公园的峡谷里,一条条小溪蜿蜒曲折地延伸过来。我们的林业工作者在一条小溪上，用石头和泥土做了一道拦水坝。我们想看看，什么动物最先游过来？

我们等了好长时间，什么东西都没看到，只有一些小树枝、小树叶飘了过来，在池塘里打转转。

后来，一只老鼠从小溪底部**晃晃悠悠**（摇摇晃晃地很不稳定）地被冲了出来。是的，它不是普通的老鼠，不是那种灰色的、长尾巴的家鼠。它浑身长着棕黄色的细毛，中间夹杂着一些条纹，原来它是短尾巴田鼠。它可能已经死了一个冬天了，一直在雪里埋着。现在，雪变成了水，小溪就冲着它，到了这个不知名的地方。

> **名师讲堂**
> 生动、形象地描写出了田鼠随水漂流的状态。

又过了一会儿，流水带来了一只黑色的小甲虫。它手脚乱动，转着圈，使劲挣扎着，怎么也不能从水里爬出来。最初，大家都在想：这可能是某种水里面生活的小甲虫，后来捞出来，仔细一看——原来是最让人讨厌的屎壳郎啊！

> **名师讲堂**
> 动作描写，凸显了屎壳郎在水中的慌乱无助。

看样子，它也醒了。它是怎么到水里来的呢？当然，肯定不是它自己愿意来的。

接着看！那是谁来了，两条后腿一蹬一蹬的，它自己游进了池塘。你猜，它是谁啊？对，是青蛙！

周围还都是雪，但是青蛙可不管那些，见到水，立刻就来了。它从水塘跳到岸上，很快，就消失在灌木丛里了。

> **名师讲堂**
> 形象地表现出青蛙喜爱游水的特征。

最后，又游过来一个小东西。褐色的，很像刚才那只老鼠，只是尾巴更短一些。原来是只水老鼠。入冬的时候，它给自己储备了好多粮食，现在都吃光了。它看到春天来了，就想办法出来找吃的了。

> **名师讲堂**
> 向读者交代了水老鼠出来觅食的原因。

款冬

小土包上早就出现了款冬的一群一群的细茎。它的每一群茎，都是一个小家庭。年纪大一些的，是哥哥姐姐，长得比较苗条，茎也高高直直的。挨着它们长的那些肥肥胖胖的，是它们的弟弟妹妹。

还有一种特别可笑的茎，它们弯着腰站在那儿，不敢抬头的样子——好像是很害羞，怕见生人，就像是刚刚来到世上一样。

名师讲堂

运用拟人的修辞手法，形象地描写出了这种茎的外形特征。

每一个这样的小家庭，都是一点点地从地下的茎根上长出来的。茎根里，从去年秋天就已经在储藏食物了。现在，食物都快吃光了，但在开花的时候，还是要靠这些养分的。过几天，这些脑袋就会变成一朵朵黄色的、像向日葵一样的小花。准确地说，那不是花，而是花絮，一束一束地，紧密地挤在一块。

名师讲堂

运用拟人的修辞手法，表现出了款冬的开花过程。

当花开始凋谢的时候，就会从根茎里长出叶子来。根茎很会爱护自己，它们生出叶子，让叶子吸收阳光，把养分和食物再存起来，为明年作准备。

天空中传来了喇叭声

早晨，天刚蒙蒙亮，街上还没有行人，整座城市还在熟睡。就在这时候，那喇叭声就清楚地传来了。

名师讲堂

"熟睡"一词凸显出此时城市的宁静。

列宁格勒的居民非常吃惊，天空中竟传来了喇叭的声音。

要是眼睛好使，你就会看到，一大群大白鸟紧贴着云朵在飞，它们有着又细又长的脖子。

这是一群喜欢排着队飞行的野天鹅。

每年春天，它们都会在我们城市的上空飞过，用它们的大嗓门吹着喇叭：克噜噜！克噜噜！不过，如果在城市里，街上比较吵闹的时候，想听到这样的喇叭声就很困难了。

现在，野天鹅们**急急忙忙**（因为着急而行动加快）地向科拉半岛的阿尔汉格尔斯克方向飞去，或者到北德维纳河两岸去搭窝。

名师讲堂

向读者们介绍了野天鹅喜欢排队飞行的特点。

名师讲堂

"急急忙忙"一词表现出野天鹅飞翔速度之快。

庆功会的门票

我们在等待我们的鸟类朋友，大队部给我们少先队员都分配了任务——为椋鸟做窝。

于是，我们大家就开始做这件事儿了。我们有一个木工厂，可以培训那些还不会制造椋鸟窝的同学。

我们将把许许多多鸟窝挂到学校的花园里。让这些鸟儿住在我们这儿，帮我们保护苹果树、梨树、樱桃树，让它们消灭掉那些有害的青虫和甲虫。过几天就是鸟节了，我们要举行庆祝会。大家都商量好了，每个少先队员都要把椋鸟窝带来，鸟窝就是庆祝会的门票。

名师讲堂

解释说明了鸟儿们能够帮果树消灭害虫。

来自森林的第三封电报(急电)

我们在熊洞旁边的树上轮班守候。突然,雪被什么东西拱起来了,一个又大又黑的兽头露了出来。

一只母熊爬出来了,后面还跟着两只小熊。

它边爬边打着哈欠,向森林的方向走了过去。活泼的小熊跳着跟在妈妈的身后,我们只来得及看见母熊瘦瘦的背影。

现在,它在森林里转来转去,看得出来,它的心情很好——睡了这么长时间,它现在见什么吃什么:树根、枯草,还有浆果。这时候,就算有一只小兔子,它也不会放过的。

春水泛滥

冬天的统治结束了。云雀和椋鸟在自由自在地唱着歌。

大水冲破了已经薄薄的冰层,溢到外面来了,**广阔无垠**(形容广阔得望不到边际,辽阔无边)的田野里全是水。

田野里失火了:是太阳放的,积雪都快被太阳烤熟了。从已经露出的土地上,碧绿的小草让人看了心情舒畅。

在春水泛滥的地方,第一批野鸭和大雁出现了。

我们看见了第一只蜥蜴,它从树皮底下钻出来,爬到树墩上晒起了太阳。

每天都发生很多有意思的事,我们都记不过来了。

城市里发生了交通拥堵——发大水了。

关于这次大水造成的动物死亡情况,我们将通过飞鸟传书在下一期《森林报》上发表。

乡村日记

把春水留住

融化了的雪水,谁的意见也不听,就想从田野里跑到洼地里去。人们用厚厚的积雪在斜坡上修了一道城墙,及时地把它留了下来。水被扣留了,并开始慢慢地渗入到田里。

田野里的绿色居民感觉到了,于是它们的根努力地喝水——真开心啊!

> **名师讲堂**
> 人们将融化的雪水留住,用它来灌溉农田。

新出生的小宝贝

今天夜里,猪圈里的值班员正在为母猪接生。所有的小猪都是肥肥胖胖的,摇着脑袋,晃着屁股,哼哼乱叫。年轻的猪妈妈们焦急地等待着,但饲养员每隔一个小时才会把这些挺着小鼻头、摇着小尾巴的宝贝送来吃奶。

> **名师讲堂**
> 动作描写,写出了这群小猪们的可爱。

去暖和的新房子喽

人们把土豆从寒冷的仓库搬到暖和的新房子里去了。土豆对这次搬家很满意,于是,它们准备生芽了。

> **名师讲堂**
> 采用拟人的修辞手法,表明温暖的环境有助于土豆生芽。

绿色的新闻

商店里出现了一些新鲜的黄瓜。但你知道吗?它们的花并没有蜜蜂来采蜜,它们生长的土地,也不是太阳烤热的。

但这些黄瓜确确实实是真的黄瓜:又大又壮,肥

> **名师讲堂**
> 解释说明了这种黄瓜的特殊之处。

美多汁，浑身上下长满了小刺，而且还有黄瓜特有的清香。只不过，它们是在温室里长大的。

去帮助饥饿的朋友吧

雪，融化了。我们发现，整片原野竟然被一层又细又瘦的"青草"覆盖着。大地仍然冰冻着，一点儿东西也舍不得施舍给细嫩的"草"根。"小草"可真不幸呀，它在**忍饥挨饿**（忍受饥饿。形容极其贫困，苦苦度日）呢。

可是，在农场职工的眼中，这些"小草"可珍贵哩！因为，这些又细又瘦的"小草"是秋播的小麦。所以，职工们准备了草木灰、鸟粪、食用盐作为它们的肥料。

他们从空中饭店给饥饿的朋友撒下救命的食物。空中饭店——一架飞机将飞到田野的上空来，为它们喷洒食物，确保每一株"小草"都吃得饱饱的。

名师讲堂

表明农场职工对小麦的关爱之情。

20

猎事记

　　春天，我们这儿只允许在很短的期限内打猎。如果春天来得早，那么打猎也能早些开始。要是春天来晚了，那只好晚些出去了。

　　春天里打猎，主要对象是森林里的鸟或者水边的鸟，也就是雄田公鸡和雄鸭，而且不许带狗。

🔍名师讲堂

　　向读者们讲述了在春天里打猎应遵守的一些规矩。

猎人的行程

　　白天的时候，猎人从城里出发，傍晚就已经来到森林了。

　　天灰蒙蒙的，没有风，下着小雨，很暖和。这正是打猎的好天气。

　　猎人选好了一个地方，靠在一棵云杉旁边。周围的树木都不高，都是些赤杨、白桦、云杉什么的。

　　还有一刻钟太阳就要落山了，现在还有时间。可以抽一根烟；过会儿可就不行了。

🔍名师讲堂

　　暗示太阳落山后才是打猎的好时机。

　　猎人站在那儿，仔细地听着：森林里，各种各样的鸟儿都在唱着歌。棕树的树顶上有只鸟，应该是鸫鸟，它尖声鸣叫着；丛林里"啾啾啾啾"的声音，应该是红胸脯的欧鸲发出的声音。

太阳落山了。

鸟儿们一只接一只地停止了歌唱。最后，连鸫鸟和欧鸲也不出声了。

现在可要注意了，留心听！寂静的森林上空突然传来了轻轻的声音：

"切尔科，切尔科，好了——好——了！"

猎人一惊，把枪放到了肩膀上，一动不动，哪来的声音呢？

"切尔科，切尔科，好了——好——了！"

"切尔科，切尔科……"

是一对啊！

在森林的上空，两只勾嘴鹬急匆匆地扑扇着翅膀。

一只跟在另一只后面——不是打架。

也就是说，前面的是雌的，后面的是雄的。

"乒！"——后面的那只，像车轮子一样，旋转着，坠到了灌木丛里。

猎人像箭一样冲了过去：他知道，如果去晚了，受伤的鸟儿躲到灌木丛里，那就白费工夫了。

瞧，勾嘴鹬的羽毛和树叶一样灰蒙蒙的。

它挂在灌木上面，一眼就看到了。

不知道哪儿又传来了"切尔科，切尔科"的声音。

太远了——散弹打不到。

猎人又靠着云杉，**聚精会神**（形容精神高度集中）地倾听着。森林里好静啊！

"切尔科，切尔科，好了——好——了！"叫声重新响了起来。

那边，在那边——太远了……

扔个什么东西,把它吸引过来,应该可以的!

猎人摘下帽子,向空中抛去。

雄勾嘴鹬很机敏,它正在昏暗的森林薄雾里找自己的爱人——雌勾嘴鹬。忽然看见一个黑乎乎的东西从地面飞起来,又落了下去。

是雌勾嘴鹬!

它在空中转了个圈,向下飞去——直接冲着猎人的方向。

猎人的手激动得发抖了。

"乒!乒!"——没打着!

最好放过这只吧!没准头了——得静下心来。

好了——已经不抖了。

现在可以射击了。

森林深处黑黝黝的。这时,不知道哪儿传来了一声又大又可怕的叫声。一只正准备入睡的鸫鸟,吓得立刻**惊慌失措**(由于惊慌,一下子不知怎么办才好)地尖叫起来。

太黑了——已经不能再开枪了。

趁着还能看得见小路,应该赶到鸟儿交配的地方去。

已经半夜了,猎人坐在森林里,一边吃东西,一边从暖瓶里倒水喝:他可不敢生火,火会把松鸡吓跑的。

不久,天就要亮了,交配在黎明前才开始。

在寂静的黑夜里,突然传来了猫头鹰的两声嘶叫。

这该死的家伙,这么叫会把松鸡吓跑的。

东边的天空已经开始发白了,好像在哪儿,有什么东西在唱歌,刚好能听清——"咋泰克,咋笑克!"

名师讲堂

动作描写,凸显出猎人打猎经验丰富。

名师讲堂

猎人的手激动得发抖,没有打中勾嘴鹬。

名师讲堂

表明此时已经错过了打猎的最佳时机。

名师讲堂

进一步表明猎人打猎经验非常丰富。

23

猎人踮着脚，仔细听。

听，还有另外一只在叫。就在不远的地方，应该有一百五十步。第三只……

猎人轻轻地移动着脚步，越来越近。他手里端着枪，手指已经扣住了扳机，眼睛紧盯着不远处那棵粗大的云杉。

听，"咋泰克"的声音停止了，那只松鸡开始连续啼鸣起来。

猎人突然跳开了原来的地方——一步，两步，三步，然后站住，一动不动。

松鸡的歌声中断了，静悄悄的。

松鸡好像察觉到什么了——它在仔细听呢！它机敏极了，只要有一点点响动，就立刻冲出去，在森林里展开大翅膀，跑得**无影无踪**（形容完全消失，不知去向）！

但它什么也没听到，于是又"咋泰克，咋笑克"地叫了起来——就像两根木头轻轻地撞击着。

猎人还是站着不动。

于是，松鸡高兴了，重新啼鸣起来。

猎人又是一跳。

松鸡赶忙停住啼鸣，嘴里因为着急，还发出"克克克"的声音。

猎人一只脚还停在半空，但他不敢动了。因为他知道，松鸡在听着呢。

过了一会儿，没发现情况，松鸡又开始"咋泰克，咋笑克"地叫了。

就这样，重复了很多次。

猎人已经很接近了,他知道,松鸡就在这棵云杉树上——好像就在树的中间,应该距离地面很近。

它玩得太高兴了,已经晕晕乎乎了,什么也听不见了,哪怕是喊它。

可是,它到底在哪儿呢?难道是在那片漆黑的针叶树上。

啊哈!看到了,就在那儿!在一棵满是针叶的云杉枝头,几乎就在猎人旁边——也就是三十步远——长长的黑脖子上面,顶着一个鸟头,还带着一撮胡子……

现在没有声音,可不能动弹……

"咋泰克,咋笑克!"——歌声又起来了。

猎人端起了枪,瞄准了那个黑影——就是那个长了胡子的像公鸡一样的大鸟,它的尾巴大得像是一把打开的大扇子。

"乒!"——掉到雪地上了。哈!好大的家伙,浑身都是黑的,肯定有五公斤!整条眉毛都是红色的,颜色就好像是刚流出来的血的颜色似的。

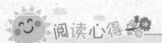

阅读心得

鸟类在消灭害虫、害兽以及在维持自然界的生态平衡方面,发挥着十分重要的作用。我们要提高保护鸟类的意识,加强对鸟类的保护措施。

大批的鸟类从越冬地返回故乡;柳树开花了,蔓越橘也从雪底下悄悄地钻了出来;蝰蛇、蚂蚁等动物都爬出来享受温暖的阳光;鱼类开始产卵;雪融化得很快,从四面八方都传来了动物遭殃的消息……

候鸟返乡月

候鸟返乡大搬家

鸟儿一群又一群地从越冬地返回故乡了。回家的时候,它们是严格遵守纪律规定的,一队队地飞,每一队都有自己的顺序。

今年,鸟儿又一次飞回我们这儿。它们的航空路线还是和以往一样,遵守的规矩也是几千年、几万年、几十万年前的那一套。

第一批上路的,是那些去年秋天最后离开我们这儿的。最后动身的,是最先离开这儿的。晚一些飞来的,是那些最漂亮、色彩最华丽(指华美绚丽)的鸟:它们在等待着春暖花开。在光秃秃的地面和树干上,它们会很容易地暴露自己。现在,它们在我们这儿没法躲避敌人——猛兽或者大鸟。

正好,经过我们的城市,就有一条鸟类海上长途飞行路线。我们叫它"波罗的海航空线"。它的一头连着阴沉沉的北冰洋,另一头消失在那些鲜花盛开、天气炎热的国家。数不清的海鸟,一队队,一行行,没完没了地在空中盘旋,按照固定的制度和规律,它

名师讲堂

运用比喻的修辞手法,将候鸟返乡的路线比作人类的"航空路线",表现出候鸟迁徙的习惯与它们的组织纪律性。

名师讲堂

介绍了鸟类的一条飞行路线——"波罗的海航空线"。

们沿着非洲海岸飞行，穿过地中海，经过比利牛斯半岛和比斯开湾海岸，最后飞过北海和波罗的海。

在回家的途中，数不清的阻碍和灾祸与它们**不期而遇**（意思是事先没有约定而遇见）。有时候，突然出现的浓雾会像厚厚的城墙一样，遮住它们的双眼。它们迷路了，周围又潮又湿。鸟儿们着急起来，乱冲乱撞，一不小心，就会撞到那些隐身的尖锐岩石上，撞得血肉模糊。

海上的暴风雨折断了它们的羽毛，挫伤了它们的翅膀，把它们远远地卷走，卷到那些无处落脚的地方。

一场意外的严寒，就能够凝水成冰。许多鸟儿经受不住饥饿和严寒的折磨，在痛苦中死去。还有许多鸟儿，成为雕、鹰和鹞这些**凶神恶煞**（原指凶恶的神。后用来形容非常凶恶的人）般的猛禽的猎物。

大多数猛禽都会选这个时候，聚集在"海上航空线"上。这儿的野餐多丰盛啊，不用费事，就能好好享用一番。

还有上百万的候鸟会死在猎人的枪下。（这期《森林报》我们会刊登，在列宁格勒城下打野鸭的故事）

可是，谁也挡不住候鸟们回家的步伐。它们穿过浓雾，冲破层层阻碍，不顾一切地飞回自己的老巢。

戴脚环的鸟

如果你逮住一只戴脚环的鸟，那么请记下脚环上提供的字母和号码，把鸟放生。然后写一封信，寄到中央鸟类脚环局，并报告自己所处的位置，地址是：莫斯科，B-313，列宁大街 86 号，住所 310，邮编 117313。

如果你认识的朋友或者捕鸟人打死或者抓住了这样的鸟，那么请你告诉他应该怎么做！

人们在鸟爪上套上一种很轻的金属环（铝环）。环上的字母能够告诉我们，是哪个国家，哪个科学机构给这只鸟套上环的。字母后面的数字呢——在科学家的日记里有同样的一组数字，说明是在什么时候，什么地方，给这只鸟套上脚环的。

科学家就是利用这种方式了解鸟儿们神秘的生活规律的。

比方说吧，在我们这儿——遥远的北方，人们给鸟戴上脚环。在非洲或者印度或者更远的某个地方，它被另外一个

人捉到,那个人就会把脚环取下,寄回来。

不过,你不要以为所有的鸟儿都要飞到南方过冬,其实还有很多鸟儿要飞到西方去,或者飞到东方去,有的甚至飞到北方去过冬!这是候鸟的秘密之一,我们就是用戴脚环的方式探知到的!

森林中的大事记

泥泞季节

现在郊区泥泞不堪:林间公路或乡村道路的路况都很不好,无论你是乘雪橇还是驾马车,都很难通行。我们要费很大劲,才能从森林里弄一点儿新闻出来。

雪底下的浆果

在森林的沼泽地里,雪下的蔓越橘露出头来。村里的孩子们一边采摘一边说:"过了冬的浆果要比新长出来的甜。"

属于昆虫的柳树节

柳树开花了。它那灰绿色的粗枝条隐藏在轻盈的亮黄色的小球后面,完全看不见。它那轻轻的腰肢、满头的柳絮随着微风轻轻摆动,看着就让人**心旷神怡**(心境开阔,精神愉快)。

柳树开花的日子,对于昆虫来说,就是节日。你看,在那华丽的树丛里,昆虫们兴高采烈地嗡嗡直叫,就像枞树节来临一样。丸花蜂嗡嗡地在空中做着滑翔动作;蠢笨的苍蝇无所事事地撞来撞去;勤劳的蜜蜂一根根地拨动纤细的雄蕊,采集花粉。蝴蝶扇动着翅膀飞来飞去。瞧,这只黄色的蝴蝶翅膀上还刻着花朵呢,它的名字叫做柠檬蝶。那边的棕红色蝴蝶,长着大眼睛的那只,是荨麻蛱蝶。

看,在一个黄色的毛茸茸的小球上面,一只长吻蛱蝶落下来了。它张开暗灰色的翅膀,遮住小球,将吸管探到花蕊的深处去寻找花蜜。

这边的树既鲜艳,又令人快活。它旁边的树就没这么好看了,那棵树也是柳树,也开了花。不过,它的花可真难看,是**蓬松**(形容毛发、蒿草等物松散开来的样子)的灰绿色小毛球。也有昆虫在它上面,这棵树周围可没有它的邻居那边那么热闹。但是,恰恰是在这样的树丛中,才能结出种子!原来,昆虫已经把黏糊糊的花粉,从小黄球上带到了灰绿色小毛球上来了。而种子,就在这些小瓶子似的雌蕊里慢慢成长。

荑荑花序

在河岸上,在小溪旁,在林边的空地上,荑荑花序开花了。它们不是开在那些刚刚解冻的地面上,而是开在被春天的阳光晒暖的树枝上。

现在,在白杨树和榛树的树枝上,长出许多长长的、咖啡色的小穗子,它们让树木显得更加漂亮。这种小穗子,就是荑荑花序。

它们去年就长出来了,不过,冬天的时候,它们是一种密实、静止的状态。现在,它们舒展开来,变得蓬松了,也富有弹力了。

如果你推一下树枝,那么,那些黄色的花粉就会像轻烟一样,摇摇摆摆地飘下来。不过,在白杨树和榛树的树枝上,除了会喷花粉的葇荑花序外,还有另外的花——雌花。白杨树的雌花,是褐色的小毛球儿;榛树的雌花,是粗壮的苞蕾,从苞蕾里面伸出粉红色的细须,看上去,就像是躲在苞蕾里的昆虫的触须一样——实际上,这是雌花的柱头。每一朵雌花柱头的数量也不同,有两个的,有三个的,也有五个的。

现在,白杨树和榛树上还没有长出叶子。风自由自在地在树枝间飘荡,吹得葇荑花序东飘西荡。它们把花粉卷起,从一棵树带到另一棵树上去。粉红色须子般的柱头接住花粉,于是,这些奇怪的像硬发一样的小花受精了,秋天后就会变成一颗颗榛子,悬挂在高高的树上。白杨树的雌花也受精了,到了秋天,它们将成长为一颗颗带着种子的黑色的小球果。

蚂蚁窝开始颤动起来

我们找到了一个大蚂蚁窝,它就在一棵云杉树底下。一开始,我们还以为,这不过是一堆垃圾,或者是一丛老针叶,反正不像是蚂蚁窝!哪个蚂蚁窝能一只蚂蚁都看不到呢?

现在,土堆上的雪融化了,蚂蚁爬出来暖暖身子。在做了一冬天的长梦之后,它们变得毫无生气,黑乎乎地团在一起,躺在窝上面。

我们用小棍儿轻轻地碰了碰它们,它们只是稍微地动了动,似乎告诉我们,它们还活着。不过,它们连用刺激性蚁酸射击我们的力量都没有了。

还要过几天,它们才能像原来一样,忙碌地干活。

蝰蛇的日光浴

毒蝰蛇每天早上都会爬到干燥的树墩上去——它在那里晒太阳。它缓慢地爬着,举步维艰,因为它的血在寒冷的天气里都快冻成冰了。蝰蛇在太阳下烤了一会儿,觉得暖和了,就准备去捉老鼠和青蛙了。

> **名师讲堂**
> 表明温暖的阳光让蝰蛇恢复了生机。

还有谁醒了

苏醒过来的还有蝙蝠和各种甲虫:扁身子的步行虫、圆圆的黑色屎壳郎、磕头虫。磕头虫正在展示它那磕头的功夫呢——把它仰面朝天地放着,它就把头往地上一磕——蹦个高儿,在空中翻个跟头,稳稳地落在地上。

> **名师讲堂**
> 一系列动作描写,完整地展现了磕头虫"磕头"的功夫。

蒲公英花也盛开了,瞧!白桦树的新叶也快要冒出来了。

第一场雨过后,粉红色的蚯蚓从土里钻了出来。新鲜的蘑菇也钻出头来了,它们的名字很奇怪,叫做羊肚菌和鹿花菌。

> **名师讲堂**
> 解释说明了新鲜蘑菇的名字非常奇特。

在池塘里

池塘又变得**生气勃勃**(形容人或社会富有朝气,充满活力)了。青蛙离开睡了一冬的床铺,产卵之后,就从水里跳到岸上去了。

而蝾螈正相反,现在它只是想从岸上回到水里。

在我们这儿,孩子们都把蝾螈叫做"茴鱼"。它全身都是红黑色的,长着一条大尾巴,有点儿像青蛙,但更像蜥蜴。它喜欢去森林里过冬,在那儿,它

> **名师讲堂**
> 通过对比,表现出青蛙和蝾螈在生活习性上的不同。

能找到潮湿的青苔做被子。

　　癞蛤蟆也醒了，现在它正产卵呢。不过，它的卵和青蛙的卵是有区别的。青蛙的卵漂浮在水上，像一团团胶冻一样，上面全是小泡泡，每一个泡泡里都有一个圆圆的小黑点。而癞蛤蟆的卵是一串串的，有一条细带子把它们串在一起，就挂在水下的草上。

森林里的卫生员

　　冬日的严寒经常不期而至，一些鸟、野兽来不及适应，就冻死了，雪把它们埋起来。到了春天，它们重新露了出来，它们不会躺在那里很久的——熊呀、狼呀、乌鸦呀、喜鹊呀、埋粪虫呀、蚂蚁呀，还有别的森林公共卫生员会把它们弄走。

它们是春花吗？

　　现在，你可以看到很多开花的植物了，比如三色堇、荠菜、遏蓝菜、蓼、欧洲野菊等。

　　在我们这儿，雪花莲开花的时候，先探出绿色的梗，然后用尽它那小小的力气一弹，把腰伸出来。于是,它的小花就出现了。但你可别认为,这些草和雪花莲一样,是从地下钻出来的哦!

三色堇、荠菜、遏蓝菜、蓼、欧洲野菊从来不躲起来过冬。它们毫不畏惧,将花朵全部伸展在寒冬面前。等到头上雪做的天花板被蔚蓝的天空代替的时候,它们就醒过来了,花和蓓蕾重新展示出**盎然生机**(充满生机和活力的,形容生命力旺盛的样子)。

上次看到这些草茎上的蓓蕾,还是在去年秋天快要结束的时候。现在,它们都开成了花儿,在草丛里看着我们呢。

你觉得它们算是春花吗?

白寒鸦

有一只白寒鸦,生活在小雅尔契克村的小学附近。它和一群普通的寒鸦一起飞,一起住。就算是村里的老年人,也没看到过这种白寒鸦。我们是这所小学里的学生,我们都不明白,为什么这儿有这样一只白寒鸦?

编辑部的说明

正常的鸟和野兽有时会生下浑身都是白色的宝宝。科学家把这种情况叫做色素缺乏症。

这种病症有两种情况：一种是全白的，一种不是全白的——有一部分被白色覆盖。在它们的身体里面缺少染色体，也就是缺少色素，那种能把羽毛和兽毛染上颜色的物质。

在家畜和家禽里面，这种色素缺乏症很普遍，像白家兔、白公鸡、白母鸡等。

在野生动物里，这种病症很少发生。

生这种病的动物，一般活下来会很难很难。因为，在它们还很小的时候，就会被亲生父母弄死。好不容易活下来，还要一辈子被同类嫌弃，甚至遭迫害。就算是它们的亲人很善良，接受了它们，让它们和队伍一起生活，像小雅尔契克村的那只寒鸦一样，它们也活不长。因为所有动物一眼就能看到它，特别是它们的天敌——猛禽猛兽。

稀有的小野兽

森林里，一只啄木鸟大声地叫起来，叫声是那么凄惨。我们立刻明白了：啄木鸟出事了！

我们穿过丛林，来到一块空地上。在一棵枯树上，我们发现了一只啄木鸟精致的巢——一个整齐的小洞。一只稀有的小野兽正沿着树干向鸟巢爬去。这只小野兽长着灰色的毛发，短短的、光滑的尾巴，耳朵像小熊猫的耳朵似的，又小又圆，一双眼睛又大又凸。

小野兽爬到洞口，往洞里看了看。看来，是偷鸟蛋来了。这时候，啄木鸟已经着急了，它一个劲儿地向它扑打着。小野兽躲躲闪闪，绕着树干转圈圈，啄木鸟也跟着它绕圈。

名师讲堂

举例说明色素缺乏症在家畜和家禽里非常普遍。

名师讲堂

叙述说明了患有色素缺乏症的动物们生活处境艰难。

名师讲堂

开门见山，一落笔就阐明中心，显得干净利索。

名师讲堂

"躲躲闪闪"一词说明这只小野兽在争斗中处于下风。

小野兽越爬越高，前面没路了，已经爬到树顶了！它一犹豫，啄木鸟狠狠地啄了它一口！小野兽突然从树上跳了下去，在空中滑翔着逃走了……

它张开爪子在空中飘着，就像是秋天的树叶一样。身子轻轻地左摇右摆，小尾巴来回地晃动，控制着方向。就这样飞过了那片空地，落到了一根树枝上。

这时我才想起来，这是一只鼯鼠呀！是会飞的小野兽！

它的两肋生有飞膜。它伸开爪子，张开飞膜，就能飞起来。它是我们的森林伞兵！只可惜，这种小野兽现在已经越来越少了！

飞鸟传来的紧急信件

发大水了

春天给森林里的居民带来了很多灾祸。积雪迅速融化，河水上涨，淹没了小河两岸。一些地方已经是洪水成灾了。

各处都有动物受灾的新闻报道。在这些灾民中，最倒霉的是那些生活在地面或者地下的小动物——兔子、鼹鼠、田鼠。顷刻间，洪水就冲毁了它们的住宅，它们已经无家可归(没有家可回。指流离失所)，只能四处流浪了。

每一只小动物都在设法挽救自己。小鼩鼠从洞里逃出来，爬上了灌木丛，湿漉漉的，坐在那儿，等着水退去。它看上去是那么可怜，因为它饿得发慌呀！

当大水来时，鼹鼠还在家里，它急急忙忙地从地下爬出来，跳进水中，去寻找干燥的地方。

名师讲堂 运用比喻的修辞手法，形象地表现出了鼯鼠在空中飘荡的状态。

名师讲堂 解释说明了鼯鼠能够飞翔的原因。

名师讲堂 向读者们介绍了哪些动物是受洪水的影响最严重的。

名师讲堂 一系列动作描写表现出小鼩鼠的可怜与无助。

鼹鼠是个出色的游泳专家。它游了好几十米，最先爬到了岸上。它已经很庆幸了，没有一只猛禽发现它。要知道，它那油黑发亮的毛皮，可是太吸引这些家伙的注意了。

上岸后，见到了土地，它放下心来。它轻车熟路地挖了个洞钻了进去。

名师讲堂

"轻车熟路"一词表明鼹鼠挖洞技术娴熟。

树上的兔子

兔子这边发生了什么事？

这只兔子住在河中心的一个小岛上。白天的时候，它在灌木丛里躲着，夜里才出来觅食。小杨树的树皮又鲜又嫩，吃着美味极了。而且，这时候出来也比较安全，狐狸和人是不会发现它的。

这只兔子太幼小了，还不太聪明呢。

它根本没有注意到，河水已经把冰块都冲到小岛上来了。

名师讲堂

小兔子没有发现冰块被冲到小岛上来了，引出下文。

这天，小兔子还在灌木丛里安静地睡着大觉，太阳暖烘烘的，它根本就没发现，大水马上就要来了。直到它感觉自己身上的毛都湿了，它才醒来。

它跳了起来，天哪，周围全是水。

大水已经漫上来了，淹没了它的爪子。兔子赶忙向小岛中间跑去，那里还是干的。

名师讲堂

大水已经淹没了爪子，暗示小兔子所处的环境非常危险。

但是，河里的水上涨得很快。小岛变得越来越小。兔子从这头窜到另一头。它看到，整个小岛都快在水下了。可是，它又不能跳到寒冷的、**波涛汹涌**（形容波浪又大又急）的水里面。这么宽的河，它无论如何也游不过去呀！

就这样，整整一天一夜过去了。

第二天早上，小岛的大部分已经浸在水中了。只有一小块地方还是干的，那里长了一棵大树，树干很粗，而且有很多树杈，这只吓坏了的小兔子，只好绕着树干乱跑。

第三天，水已经漫到了树根前。小兔子开始拼命地向上跳，但每次都扑通一声掉到水里。

最后，它终于成功地跳到最下面的一根树杈上。兔子**战战兢兢**（形容非常害怕而微微发抖的样子。也形容小心谨慎的样子）地待在那里，等着大水退去，万幸的是：河里的水已经不再涨了。

它并不担心自己会饿死，老树的树皮虽

名师讲堂

　　形象地表现出了这只小兔子面临洪水时焦急的状态。

名师讲堂

　　"终于"一词表现出小兔子逃生的艰难。

然又硬又苦,但还可以用来充饥。

最可怕的是风。它那么用力地摇晃着树,差点儿将兔子从树枝上摇下来。兔子就像一个趴在桅杆上的水手一样,随着树枝一起剧烈地摆动。河水又凉又急,撕扯着大树、木头、麦秸、动物的尸体,就这样从兔子脚下漂过。小兔子已经吓呆了,因为它看见了自己的亲戚——一只死去的兔子仰着身子,顺着水流漂了过来,它的一只僵直的脚上还缠着枯枝。

兔子在树上整整待了三天。后来,大水退去了,它才跳下来。

但它只能继续待在河中间的小岛上,等待着炎热的夏天到来。因为夏天河水会变浅,它就可以跑到岸上去了。

连鸟类都在吃苦

对长翅膀的鸟类来说,洪水当然不是什么可怕的事情。实际上,它们也深受其害。

淡黄色的鹬鸟在一条大运河的河岸边筑巢,它已经在里面下了蛋。

发大水的时候,它的巢被冲坏了,蛋也被水卷走了,现在它不得不重新筑巢生蛋了!

沙锥在树上坐立不安(坐着也不是,站着也不是。形容心情紧张,情绪不安),它着急地等啊,等啊,它在等着大水退去!

沙锥是一种鹬鸟,它长着长长的嘴巴,平常它会把长长的嘴插到软软的稀泥里边寻找食物。它的双脚在地上站惯了,现在在树枝上这么蹲着,简直就是折磨。就好比狗站在篱笆上一样，真别扭啊！可是，它也不能离开，离开了这片沼泽去哪儿生存啊？

别的沼泽都被另外的沙锥占领了，它们是不会让它过去住的。

船里的松鼠

一个渔夫在水面上布下了渔网，他慢慢地划着一只小船，沿着一片片伸出水面的灌木丛边划过。

突然，一朵奇形怪状的"蘑菇"吸引了他的注意力。那朵"蘑菇"是棕红色的，它竟然会跳。这不，它一下就跳到小船里来了。

原来是一只浑身湿淋淋、毛乱蓬蓬的松鼠呀！

渔夫载着它来到岸边，松鼠立刻从小船里跳出去，高高兴兴地跳进森林里去了。

它是怎么来到水中的灌木上的，又在那里待了多久呢？谁也不知道！

意外的猎物

有一次，我们的森林通讯员——猎人，发现了一群野鸭，这些鸭子生活在湖里的灌木丛后边。他穿着长筒胶靴，悄悄地走近它们，湖水已经没过了他的膝盖。

突然，在一丛灌木旁，他发现了一个灰不溜秋的家伙，那家伙挺着光溜溜的脊背在浅水里来回折腾。他没有多想，对着它连开了两枪。

灌木丛后边的水翻腾起来，过了一会儿，才渐渐平息。猎人走近一看，原来是一条梭鱼，足有一米半长。

现在这个时候，梭鱼从河里、湖里来到岸边——

名师讲堂

运用反问句表明了这片沼泽对沙锥的重要性。

名师讲堂

渔夫看到的奇怪的"蘑菇"原来是一只小松鼠。

名师讲堂

设置疑问，目的在于引发读者的思考。

名师讲堂

暗示猎人已经打中了水里的家伙，它在水里挣扎。

41

这里的水很温暖，它就在这里产卵。小梭鱼孵出来后，就随着逐渐退去的湖水一起，回到湖里或河里去。

猎人不知道这事儿。否则，他一定不会违法。我们的法律禁止用枪射击到岸边产卵的鱼。即使目标不清楚时，射击也是被禁止的。

最后的冰块

在小河上曾有一条冰路，农场职工们经常驾着雪橇在这条路上行驶。后来，春天来了，河里的冰裂开了，冰路也浮了起来，沿着水流向下漂去。

这块冰上遍布着马粪、车辙、马蹄印，甚至还有一根钉马掌用的钉子。

最初，冰块在河水里慢悠悠地漂着。从岸上飞来了一群白色的小鹡鸰，它们落到冰块上，啄食上面的苍蝇。

后来，河水漫过了岸，冰块冲到了草场上。鱼儿在被淹没的草场上嬉戏着，绕着冰块游来游去。

有一次,冰块附近钻出一只黑色的鼹鼠,它费力地爬上了冰块。大水淹没草场的时候,它正在地底下,差点儿憋死。这时,冰块的边缘被一座小山丘挡了一下,鼹鼠趁这机会赶忙跳上了小山丘,迅速地挖了一个洞,钻了进去。

河水推着冰块继续前行,最后漂到了一片树林里,被一个树墩挡住了。冰块上立刻聚集了一大群水灾受害者——老鼠、小兔子。大家一样倒霉,都面临着死亡的威胁。所有的小动物都是又惊又怕,紧紧地挤在一起。

幸好水很快就退下去了。太阳烘烤着大地,那块冰也越来越小,最后完全消失了。只留下那根钉子平静地躺在木墩上。小动物们依次跳到地上,四散着跑开了。

水上运输

小河里密密麻麻地漂着木材,伐木工人开始借助河水来运送木材了。在小河注入江河的入口,伐木工人筑了一道堤坝。在堤坝后面,把木材编成一大片筏子。

在我们去的偏僻森林里,流淌着几百条小河,其

中大部分注入姆斯塔河。姆斯塔河则注入伊尔明湖。从伊尔明湖出来的水流过宽阔的沃尔霍夫河，再经过拉多加湖注入涅瓦河。

冬天，在我们区的密林深处，伐木工人把树木放倒，做成木材，推到小河里。于是，这些木材顺水漂流而下。这些木材里可能会住着某只木蛾，于是，它也随着木材去城市旅行了。

伐木工人称得上**见多识广**（形容阅历深，经验多）了。他们中一个人给我们讲了一个故事。

在林中小河边的一个小树墩上，有只松鼠用两只爪子捧着一个大松果，正在那儿**津津有味**（形容趣味很浓厚或很有滋味的样子）地吃着。

突然从森林里跑出一条大狗，汪汪地狂叫着向松鼠扑了过去。松鼠本来可以爬到树上躲避敌人的，可是这周围一棵树都没有。

松鼠急忙丢掉松果，翘着毛蓬蓬的大尾巴，跳跃着，向河边蹿去。大狗紧紧地追着它。

这时，河里到处都漂着密密麻麻的木材。松鼠跳到最近的一根木材上，一根接着一根地向前跳。

大狗傻乎乎地跟了上去，可是，狗的腿又长又僵硬，怎么能在木材上跳跃呢？木材在水面上打着滚儿，狗的后腿一滑，跟着前腿也一滑，就掉到了水里。这时，又漂来一大堆木材。一眨眼的工夫，狗就消失了。

那只机灵轻巧的小松鼠呢？它此时正跃过一根又一根的木材，很快就跳到了对岸上。

另外，还有一个伐木工人曾看见过一只野兽，有

名师讲堂 介绍了伐木工人在冬天是如何处理砍下的木头的。

名师讲堂 承上启下，同时也激起了读者的阅读兴趣。

名师讲堂 动作描写，表现出了松鼠的敏捷与灵巧。

名师讲堂 使用反问句来激发读者进一步深思。

名师讲堂 无疑而问，自问自答，目的在于引起读者的阅读兴趣。

两只猫那么大,全身棕红色。它蹲在一根木头上,嘴里还叼着一条大鳝鱼。

野兽在木材上舒舒服服地嚼着自己的美味,吃完之后,捋了捋胡子,滑到水里去了。

原来这是只水獭。

鱼类的声音

冬天,天寒地冻,许多鱼儿都在睡觉。

秋天的时候,鲫鱼和冬穴鱼就已经钻到河底去了。鮈鱼和小鲤鱼在水底的沙坑里过冬。鲟鱼秋天就聚集到深河底部去过冬——那里冬天也冻不透。

有些鱼几乎一冬都不睡觉,它们都在做什么呢?你们可以在这一期的《森林报》中读到。

所有上面列举的鱼,现在都醒了过来,开始急急忙忙地产卵去了。

名师讲堂

叙述了鲟鱼在秋天时的生活状态。

钓钩永不落空

我们有个古老的好笑的传统,猎人出发去打猎的时候,大家总是说:"鸟毛你都打不着!"但是,当有人出发去钓鱼的时候,人们却对他说:"祝你钓钩永不落空!"

我们读者当中有不少是钓鱼爱好者。我们不仅要预祝他们钓鱼的时候钓钩永不落空,而且还要给他们一些建议和帮助,告诉他们,什么鱼,什么时候,在哪里比较容易上钩。

河水解冻之后,就可以把食饵垂到河底,用它们来钓山鲶鱼了。等到池塘里和湖里的冰消失后,连

名师讲堂

运用对比的方法,阐述了打猎和钓鱼这两种活动,增加文章的趣味性。

铜色鲑鱼都可以钓到。这种鱼喜欢藏在岸边上一年**残留**（剩余下来；留下）的草丛里。再晚一些时候，就可以捕捉小鲤鱼了。

随着水越来越清，就可以用渔网捞大鱼，用钓钩钓小鱼了。

我们著名的捕鱼专家库尼洛夫说过这样的话："钓鱼的人应该研究鱼的生活特点，在不同的时间、不同的天气下仔细观察分析。这样，他就会有的放矢，正确地选择钓鱼地点了。"

春汛过去后，河岸逐渐露了出来，水也慢慢地变得**清澈**（清净而明澈）起来，这时就可以钓梭鱼、鲫鱼、鲤鱼、鳜鱼。可以在以下这些地方下钓钩：河流入口处和河汊子附近，浅滩和石滩旁，特别是在岸边那些被淹没的树或者灌木丛附近，在平静的河流狭窄地段，在跨河的桥下、小船或木筏上不论河水深浅，都可以下钩。

库尼洛夫还说过："那种带鱼漂的钓竿，适合钓各种各样的鱼，从早春到深秋，无论在什么地方钓鱼，都用得上。"

从五月中旬起，就可以在池塘或湖里，用蚯蚓钓冬穴鱼了。再过几天，还可以钓到斜齿鳊、鳜鱼和鲫鱼。钓鱼最好的地方：岸边的草丛旁、灌木旁和1.5到3米深的浅水滩。<u>不要总在一个地方下钩，如果鱼没上钩，就转移到另一丛灌木旁，或者芦苇丛、牛蒡丛中去。</u>如果你喜欢在小船上钓鱼，那就更方便了。

名师讲堂

进一步表明了作者钓鱼经验非常丰富。

在风平浪静的小河里，等到水一变清，就可以在岸边下钩了。在静水中，最适合钓鱼的地方是**陡峭**（坡度极大，近于垂直）一点儿的岸边，河中心有树丛的小坑里，岸边长出杂草和芦苇的地方。

有时候，这种小河湾和树丛旁很难靠近：河岸泥泞不堪，或者周围水流湍急。可是，如果能够踩着草墩或者穿着长靴走到这种岸边去，在牛蒡丛或芦苇丛中抛下鱼饵，就可以钓到不少鳜鱼和斜齿鳊了。沿着岸边走时，你一定要耐心地寻找合适的地方。拨开灌

木丛,把钓竿放到树中间,把鱼饵和钓钩甩到没有人钓过的地方。

在桥墩旁、小河口和水磨坊的堤岸上,都会聚集成群的钓鱼者。这些地方,通常可以让你满载而归。

名师讲堂
向读者们介绍了钓大鲤鱼时使用的鱼饵。

钓大鲤鱼的鱼饵是豌豆、蚯蚓和蚱蜢,把它们挂在普通的钓钩上,从岸上钓就可以。有时候,也可以用特殊一点儿的钓竿。

从五月中旬到九月中旬,都可以用不带鱼漂的钓竿钓鱼。用这种工具钓淡水鳜,可以选择以下地点:大坑、河水转弯处的急流旁,林中小河比较安静的水域(这种地方堆满了树木),岸边有许多灌木的水域,堤坝下和浅滩下。

名师讲堂
详细介绍了用工具钓淡水鱼的地点。

有的鲑鱼和鳜鱼,只能在浅滩和暗礁附近下钩。有几种小鲤鱼和一些个头中等的鱼类,要在离岸不远的激流中下钩,或者是在河底有许多石头的水路中下钩。

乡村日记

雪刚刚融化,拖拉机已经驶进田里去了。拖拉机不仅会耕地,还能耙地,如果你给它挂上钢爪子,那么,它连树根都能拔得出来。它就这样任劳任怨,把一片片荒地变成良田。

名师讲堂
运用夸张的表现手法,意在说明拖拉机的巨大作用。

在拖拉机的后面,一群蓝黑色的白嘴鸦脚跟脚地向前挪着,它们看上去是那么**自由自在**(形容没有约束,十分安闲随意),食物这么丰盛,可以慢慢地享用了。稍远一点儿的地方,落下来一群黑乌鸦和白喜鹊，它们在田间一蹦一跳地寻找着食物。那些从土里翻出的蛆虫、甲虫和它们的幼虫，都是黑乌鸦和白喜鹊的美味。

地耕好了，也耙过了，该做下一件事了。于是，人们开动拖拉机，带着播种机一起往田里撒下精选的种子。人们正在播种春播作物：最先播种的是亚麻，然后是温柔的春小麦，最后是燕麦和大麦。

至于秋播作物——小麦和黑麦——现在已经长出几厘米了；这两种作物在去年秋天就播种了，在雪下面过了一冬，现在都长得很好。

每当黎明和黄昏来临的时候，在那片愉快的绿色中，就会发出一种吱吱的声音，仿佛有大车压过地面，又好像蟋蟀在大声鸣叫：

"切尔克，维克；切尔克，维克……"

这不是大车，也不是蟋蟀——原来是一只美丽的"田公鸡"——灰山鹑在唱歌。

它的样子很漂亮，全身几乎都是灰色的，但眉毛是鲜艳的红色。两只黄色的爪子，橘黄色的脖子，在它灰色的羽毛中间，夹杂着一些白色的花斑。

在这一片绿色的树丛中，它的妻子——雌山鹑——已经建好了巢，在等着它回家呢。

草场上刚长出来的小草，把地面装饰得绿油油的。黎明时分，一阵阵牛、马、羊的叫声吵醒了正在睡觉的孩子们：主人们开始去草场上放牧家畜了。

有时候，牛和马的背上会出现一些奇怪的"骑士"，那是寒鸦和白嘴鸦。牛慢悠悠地走着，这些小"骑士"就在它们的背上啄着："嘟、嘟、嘟！"本来牛

名师讲堂
描绘了农庄里春耕时一派热闹繁忙的景象。

名师讲堂
场景描写，点明田野早晨和傍晚都充满了生机。

名师讲堂
外形描写，突出了这只灰山鹑漂亮的外表。

名师讲堂
将寒鸦和白嘴鸦比作"骑士"，语言幽默，生动形象。

49

是可以甩甩尾巴,像赶苍蝇一样把它们赶走的,但它没有这样做。为什么呢?

原因很简单:小"骑士"们身体又不重,最主要的,人家是在帮助牛、马呀。原来,寒鸦和白嘴鸦是在吃藏在牛、马毛里的牛皮蝇、马虻的幼虫,还有那些苍蝇卵——这些苍蝇趁牛、马身上的皮肤擦破受伤后,就把卵产在了里边。

又肥又壮的丸毛蜂嗡嗡地飞出来;长着小细腰的黄蜂飞舞着,看上去亮晶晶的;小蜜蜂也该出生了吧。

人们把蜂房搬出来,放在养蜂场上。这些蜂房在地窖里放了整整一冬,现在该是用得着它们的时候了。长着金黄色翅膀的蜜蜂,**争先恐后**(比喻争着向前,唯恐落后)地从蜂房里爬出来,在阳光下晒了会儿太阳,等到暖和了,就伸伸翅膀,飞去采甘甜美味的花蜜了。这可是今年第一次采蜜啊!

植树

我们区春天要栽种几十公顷的树木。在许多地方新开辟了面积在十公顷到五十公顷的苗木场。

名师讲堂

列举具体数字,表明了人们对植树造林的重视。

农场新闻

新城市

昨天晚上,一座新的城市诞生了,它就坐落在果园旁边。城市里,所有的房屋都是标准化的。据说,这些房子不是一点点建设起来的,而是人们用担架运来的。城市的居民很喜欢今天晴朗的好天气,大家都欢快地出来散步了。它们绕着自己的屋顶盘旋着,熟悉着新环境。

名师讲堂

突出了这些房子的新奇,引起读者的兴趣。

节 日

要是土豆能唱歌的话,你们今天就能听到世界上最快乐的歌了。今天,对于土豆来说可是个大节

名师讲堂

运用拟人的修辞手法,表明了人们对土豆的喜爱和重视。

日：人们把土豆轻轻地放到箱子里，又把箱子放到车上，运到田里。

为什么要这么小心呢？为什么用箱子运输，而不用麻袋呢？

因为这些土豆都发芽了。这些粗粗壮壮的嫩芽多奇妙呀——它们肥厚的根连在母体上，上面还长出了许多白色的小包，就要冒出尖来了。嫩芽的上面尖尖的，已经长出嫩叶来了。

神秘的坑

从秋天开始，我们就在校园周边开始挖坑。大家都很奇怪，这是干吗用的呀？后来，经常有青蛙掉到里面去。于是，同学们就想：这可能是逮青蛙用的吧！

现在就连青蛙也知道了：这些坑是用来栽果树的。

孩子们在每个坑里都栽上了树，有苹果树、梨树、樱桃树，还有李子树。

他们又在每个坑里都立了一根木桩，**小心翼翼**（原形容恭敬谨慎。后形容十分谨慎，一点也不敢疏忽）地把小树苗绑在木桩上。

修指甲

专业美容师正在给牛修"指甲"。他一边刷着牛蹄子，一边修剪它们，整整四只。很快，它们就要到牧场去了，所以得把它们的"指甲"修好。

开始干农活了

在田地里，拖拉机日夜轰鸣着。夜里，拖拉机单独工作；早上就不是了，每台拖拉机后面都跟着一群

寒鸦。寒鸦忙得团团转，但还是来不及吃完刚刚翻出来的湿润而美味的蚯蚓。

在江河和湖泊附近，拖拉机后面跟着的就不是黑色的寒鸦了，而是一群白色的鸥鸟：鸥鸟也特别喜欢吃蚯蚓和那些在土里过冬的甲虫的幼虫。

奇怪的芽

黑醋栗树上出现了一种奇形怪状的嫩芽，这些嫩芽看上去又大又圆。有些芽已经张开了，看上去就像小个儿的蓝色洋白菜。我们透过放大镜向里面一看，不由得**大吃一惊**（形容对发生的事感到十分意外）！里面竟然住满了让人恶心的东西——一条条长长的小虫，佝偻着身子，一边撅胡子，一边直蹬腿儿呢！

这是芽壁虱。这么多芽壁虱在嫩芽里住了一冬，它当然会鼓起来了。

芽壁虱是黑醋栗最可怕的敌人。它们毁坏黑醋栗的芽，还把传染病带到芽上。得了这种病，黑醋栗就不能结果了。

如果树上鼓起的芽还不多，那还可以赶紧把芽摘下来烧掉，如果这种鼓芽已经遍布全树了，那就只好把整棵树都处理掉了。

顺利的飞行

我们的村庄飞来了一批小鱼——一岁多的小鱼。人们把它们装在小水箱里，用飞机运来的。虽然鱼在空中是不能飞的，但它们都还健健康康地活着。看，它们已经在池塘里欢天喜地游起来了！

师讲堂
"大吃一惊"从侧面表现出了这些嫩芽的奇怪。

师讲堂
解释说明了芽壁虱对黑醋栗的巨大危害。

师讲堂
叙述，点明了村民们对这批小鱼的重视。

城市新闻

植树周

名师讲堂

开篇点题,让人感到春天是万物复苏的季节。

雪早就融化了,大地解冻了。城市和省区里开始了植树周。春天植树的日子,称为植树节。

在学校里、花园里、公园里,以及住宅旁和大路上到处都能看到孩子们忙忙碌碌的身影,他们正在挖树坑。

涅瓦区的少年自然科学家试验站为孩子们准备了几万棵果树树苗。

林木培育场把两万棵云杉、白杨和椴树的树苗,分给了海滨区的各所学校。

森林储存器

名师讲堂

点明植树的目的是帮助田地抵御暴风的袭击。

田地铺得越来越广了。为了给它们挡风,得需要多少森林啊!我们学校的孩子都知道这件国家大事——植树造林。这不,春天的时候,我们六年级A班教室里便摆了一个大箱子——森林储存器。孩子

们都带来了自己收集的种子。有人带了槭树的种子，有人带了白杨树的荑荑花序，也有人带了结实的棕色橡子。就说小维加吧，他就带来了十千克栲树种子。到了秋天，这个森林储存器已经满满的了。我们会把所有收集来的种子送给政府，让政府开办新的林木培育场。

名师讲堂

叙述，表明了孩子们对植树充满热情。

在公园和花园里

树木被一层柔和的、像水蒸气一样的雾给笼罩起来了，这是一层透明的绿色的烟雾。

当大树发芽的时候，这片雾气就会消失。

一只漂亮的长吻蛱蝶出现了。它扑扇着大翅膀，在空中翩翩起舞（形容轻快地跳起舞来），褐色的服装上面印着一些浅蓝色的斑点，白色的翅膀末梢看上去仿佛褪掉了颜色似的。

名师讲堂

外形、动作描写，表现出这只长吻蛱蝶样子漂亮、动作轻快。

又一只蝴蝶飞来了，它看上去那么有趣。它很像荨麻蛱蝶，只是要小一些，浑身淡褐色，颜色不是那么鲜艳。它的翅膀上长着一些大锯齿，就好像是被人撕去了边缘一样。

你要是捉到它，那可要仔细瞧瞧了，它的翅膀上有一个像字母"C"的白色图案，就像是谁特意在这只蝴蝶身上打了个白色图案"C"当记号。自然科学

名师讲堂

解释说明了"C"字白蝶名称的由来。

家把它们叫做"C"字白蝶。

很快，两种白蝴蝶——小粉蝶和大白蝶也要出来了。

七鳃鳗

从我国西部边境一直到萨哈林的所有湖泊河流里，都生活着一种奇特的鱼。这种鱼像蛇一样，身子又细又长，而且除了后背之外，身体的其余地方都没有鳍。当它在水里游起来的时候，身子来回地扭动，就和蛇一样。

这种鱼的皮软软的，没有鳞片；它的嘴有别于普通的鱼嘴，形状像一个圆形的漏斗。其实，这是个吸盘。当你看到这个吸盘时，你会以为这可能是大水蛭，但绝对不可能是鱼，鱼儿哪有这种嘴呀。

这种鱼在农村叫七孔鳗，因为在它的身体两侧、眼睛后面，每一边各有七个呼吸孔。

七鳃鳗的幼鱼很像泥鳅。孩子们经常把它们捉来，挂在钓钩上做鱼饵，用来钓那些凶恶的肉食鱼。

七鳃鳗经常会用吸盘吸在大鱼身上，随着大鱼沿着河流旅行，大鱼无论如何也摆脱不了它。

渔夫们也说过这样的事：七鳃鳗有时候吸在水底的石头上，它吸住后，就开始扭动全身，在水里折腾，石头都被挪动了，这种鱼竟然这么有劲。它们挪开石头后，就在石头底下的坑里产卵。因此，这种力气惊人的鱼还有一个学名，叫做石吸鳗。

它的样子不好看，可是，如果你把它用油炸一炸，加上调料，味道可真没得说呀！

名师讲堂 对这种鱼的外形进行描写，突出了它的奇怪。

名师讲堂 解释说明了七鳃鳗这种鱼名称的由来。

名师讲堂 动作描写，突出了七鳃鳗力气大的特点。

名师讲堂 表明七鳃鳗虽然样子不好看，但味道鲜美。

街上的生活

每天夜里,蝙蝠都在空袭城市和郊区。它们不会在意街上的行人,只顾在空中追捕飞虫和苍蝇。

燕子飞来了。我们这有三种燕子:一种是家燕,它长着叉子似的长尾巴,脖子上有一个火红的斑点;一种是短尾巴、白脖子的金腰燕;一种是个头小小的,灰褐色、白胸脯的灰沙燕。

家燕在城郊的木质房子上给自己筑巢;金腰燕的巢直接搭在石头上;而灰沙燕喜欢在悬崖的岩洞里生活。

雨燕是在燕子飞来之后很久才出现的。要区分雨燕和燕子是很容易的,雨燕往往刺耳地尖叫着,在房顶上飞来飞去。它们浑身乌黑,翅膀与普通燕子也不一样,是半圆形的,像一把镰刀似的。

叮人的蚊子也出来了。

> **名师讲堂**
> 表明了蝙蝠喜欢在夜间活动的特点。

> **名师讲堂**
> 排比句,向读者们介绍了几种燕子的筑巢地点。

> **名师讲堂**
> 将雨燕和燕子作对比,突出了雨燕的不同寻常之处。

飞机上带翅膀的乘客

如果你事先没听到**均匀**(指事物各部分数量分布相同)的嗡嗡声,你会想到飞机里坐的是一些带翅膀的小旅客吗?

一批高加索蜜蜂分乘在两百间舒服的客舱——三合板做的木箱里。飞机把八百个蜜蜂家庭从库班运到我们这里来了。

在来的路上,这群小旅客又吃又喝,飞机上的工作人员给它们供应了"蜜粮"。

> **名师讲堂**
> 用"木箱"代指"客舱",更加生动形象。

市区里的鸥鸟

涅瓦河一解冻，河面上空就出现了鸥鸟。它们完全不害怕轮船和城市的**喧闹**（喧哗吵闹）声，在人的眼皮底下从容地捉水里的小鱼吃。

当鸥鸟飞累了的时候，它们就直接落到河岸栏杆上或者铁皮房顶上，待在那儿休息。

晴天雪

5月20日早晨，东边的天空湛蓝湛蓝的，阳光很**耀眼**（光线或色彩强烈，使人眼花）。就是这样的天气，竟然下起雪来了。晶莹的雪花像萤火虫似的，在空中轻轻飘舞。

冬天！你这家伙吓唬不了谁的，现在你的雪花已经不能长久啦！它就像晴天雨一样——太阳穿过细雨露出笑脸，这样的雨只会使蘑菇长得更快。现在下的雪，还没落到地上就融化了。

我要去城外的森林里看看，可能在那里我会很开心。可能在那

雪一落地就融化的地面,有满是褶子的褐色小伞——早春第一批可口的蘑菇——羊肚菌和鹿花菌。

名师讲堂

表明蘑菇受到融化的雪水的滋润,味道可口。

布谷

5月5日早晨,城郊的公园里响起了布谷鸟的第一声叫。

过了一星期,在一个暖和、宁静的傍晚,突然,灌木丛中传来了什么鸟儿的声音,声声清脆悦耳。开始它只是轻轻地叫,继而响了些,接着叫声蔓延开来,婉转而嘹亮,有如珠玉落盘,煞是动听。这时,人们全明白了,原来是夜莺在啼啭。

名师讲堂

运用比喻的修辞手法,准确地表现出夜莺叫声的清脆。

猎事记

在市场上

列宁格勒的市场上这段时间正在出售各式各样的野鸭:有浑身乌黑的;有长得像家鸭的;有个儿挺大的;也有个儿很小的。有些野鸭的尾巴像锥子似的,又长又尖;有些野鸭的嘴像铲子那样宽;而有些野鸭的嘴巴就很窄。

一个没有多少生活常识的主妇去买野味儿,真是够糟糕的:她买了一只野鸭回去,烤好后却没有人吃,那

名师讲堂

简单描述了列宁格勒的市场上出售的野鸭。

是因为这只野鸭有一股鱼腥味儿。原来她买的要么是一只专吃鱼的潜水矶凫，要么就是一只秋沙鸭，甚至根本不是任何一种野鸭，而是一只潜水的鸬鹚。

一个有经验的主妇，只要看一看野禽小小的后脚趾，就能一眼辨出是潜水矶凫还是好野鸭。潜水矶凫的后脚趾上突起的厚皮很大，而河面上那些"珍贵的"野鸭的后脚趾上突起的厚皮只有一小片。

叛徒雌野鸭和白衣隐形人

猎人不用等多久，远处的水面上便飞过一只野鸭，是一只雄野鸭。它听到雌野鸭的叫声后，就向这边飞过来了。它还没飞到雌野鸭的身边，只听"砰"一声枪响，接着又是一声，雄野鸭就跌落到水中了。

野鸭囮子忠实地履行着主人赋予它的职责：它一遍遍地叫啊叫着，甘心做野鸭界的一个叛徒。在它的召唤下，有许多不明真相的雄野鸭从**四面八方**（指各个方面或各个地方）飞过来了。

它们的心思全放在雌野鸭身上了，却没留意白花花的冰块旁边停着一只白色的划子，划子上还坐着一个身披白色长衫的猎人。猎人一枪接一枪地放着，各种雄野鸭都落入他的划子了。

一群接一群的野鸭，沿着海上的长途飞行航线，继续它们的长途旅行。

太阳沉进大海，城市的轮廓也消失在夜幕之中——只见那个方向亮越了点点灯火。

天黑了，不能打枪了。猎人把野鸭囮子收回划子里，把船锚抛在浮冰上牢牢拴住，让划子紧靠冰块（免得被浪冲走）。

名师讲堂

向读者介绍了有经验的主妇们是如何辨别好野鸭的。

名师讲堂

点明了野鸭囮子的职责就是充当诱饵。

名师讲堂

照应前文"野鸭囮子忠实地履行着主人赋予它的职责"。

得考虑一下如何过夜了。

起风了。天空中**乌云密布**(满天都是乌云，表示快要下雨了，天色不太好)。四周黑洞洞的，伸手不见五指。

师讲堂

环境描写，天气开始变差，猎人预备调整自己的捕猎计划。

大天鹅

猎人的野鸭囮子在水面上拼命大叫起来，这时有一只雪白的大天鹅和它并排游着。天鹅却不叫，那是因为这只天鹅是假的。

雄野鸭一只接一只地飞过来了。猎人只打了几枪。

忽然，空中传来一阵远远的像喇叭一样的声音。

"克噜——噜呜，克噜——噜呜，噜呜……"

"嗖，嗖，嗖！"传来一阵扇动翅膀的声音，原来是有一大群野鸭落到野鸭囮子旁边。可是猎人都不正眼瞅它们。

师讲堂

空中传来了一阵像喇叭声一样的声音，为下文做铺垫。

师讲堂

猎人为什么不在乎这一大群野鸭呢？设置悬念，引起读者的阅读兴趣。

猎人敏捷地把子弹装进猎枪里，然后双手合拢，举到自己嘴边，吹起勾引野禽的口哨：

"克噜——噜呜，克噜——噜呜，噜呜，噜呜，噜……"

在离地面很远的云彩下面，有三个逐渐变大的黑点。喇叭似的叫声越来越清晰，越来越洪亮，越来越刺耳。猎人已不再应声搭腔了，因为人是学不像天鹅在近处的叫声的。

现在可以看到三只慢慢地挥动着沉重翅膀的白天鹅，降落到冰块附近了。它们的翅膀在太阳下闪着银光。

师讲堂

解答疑问，原来猎人的目标是这几只天鹅。

天鹅们越飞越低，平稳地盘旋着。

它们看见了冰块旁的天鹅，还以为呼唤它们的就是这只天鹅，估计它不是因为筋疲力尽，就是因为受伤而掉了队，于是它们就向它飞去。

名师讲堂

猎人放在水中的假天鹅起了作用。

又盘旋了一下，又盘旋了一下……

猎人坐在那儿**不动声色**（在紧急情况下，说话、神态仍跟平时一样没有变化。形容非常镇静），只用眼睛紧紧盯着这三只巨大的白鸟，它们伸长了脖子，一会儿离他近，一会儿又离他很远。

名师讲堂

天鹅离划子越来越近，暗示了猎人即将行动。

又盘旋了一下。此时空中的天鹅已飞得很低，离划子也很近很近了。

"砰"——第一只天鹅的长脖子就像一根软鞭子似的垂了下来。

"砰"——第二只天鹅在空中翻了个跟头，重重地跌在冰块上。

第三只天鹅猛地向上一冲，很快就消失在远方了。

猎人也难得像今天这么好运。

现在赶快回家吧，但是这会儿要划回城里去可不容易。

名师讲堂

环境描写，表明雾很大，难以辨明方向。

浓雾笼罩了整个马尔基佐夫湖，看不见十步以外的任何东西。从市区传来的**隐隐约约**（指看起来或听起来模糊，很不清楚，感觉很不明显）的汽笛声，一会儿在

这边响,一会儿又在那边响,简直让人摸不到头脑。

有薄冰和划子相撞了,发出轻微的玻璃破碎的声音。像"雪糕"般的细碎冰碴在船下发出沙沙的响声。可是,怎么也不能飞快地划啊,万一和结实的大冰块相撞可怎么办呢? 划子会一个跟头翻到水底去的!

树木能够控制水土流失,防风固沙,改善生态环境,减轻洪涝灾害带来的损失……因此,我们要自觉履行植树造林的义务,保护大自然,共建美好家园。

不期而遇 心旷神怡 小心翼翼 翩翩起舞

阅读提示

　　森林里的动物们演奏起乐器,唱起了欢快的歌儿;鸟儿们忙着搭窝、生蛋,有的鸟儿已经早早地孵出了小鸟;春季的植树造林工作开始了,大片大片的新森林诞生了;果园里的果树迎来了一生中最重要的花期……

唱歌跳舞月

森林中的大事记

森林乐队

名师讲堂

　　总起句,引出下文。

名师讲堂

　　运用了拟人的修辞手法,将森林里各种动物的叫声比作歌声、乐声,形象而贴切。

　　夜莺在五月里没日没夜地唱起歌来,时而尖利,时而婉转。孩子们都纳闷了:它们什么时候才睡觉呢?原来春天的鸟是没有睡大觉的习惯的,它们每次只能忙里偷闲,唱一阵儿,打个小盹儿,醒后再唱一阵儿,在间歇的半夜或是中午休息一会儿。

　　每一个清晨和黄昏,是森林里所有动物的演出时间,大家各唱各的曲子,各奏各的乐器。在森林里有的独唱、有的拉提琴、有的打鼓、有的吹笛。各种低吟浅唱,各种高歌亮嗓——能听到喊声、嗓声、呻吟声、咳嗽声;也能听到咕嘟声、吱吱声、嗡嗡声、呱呱声。发出清脆、纯净声音的是燕雀、莺和鸫鸟。吱吱嘎嘎地拉着提琴的是甲虫和蚱蜢;打着鼓的是啄木鸟;尖声尖气吹笛的是黄鸟和小巧玲珑的白眉鸫;狐狸和白山鹑唱着小调;牝鹿轻轻地咳嗽着;狼**嗥叫**(大声吼叫)着;猫头鹰哼着小曲;丸花蜂和蜜蜂低低地唱着;青蛙咕噜咕噜地吵了一阵,又呱呱地变调。五音不全的动物们，也不觉得难为情。它们个个都在弹奏自己喜欢的乐器。

啄木鸟要的是能发出响亮声音的枯树枝当作它们的鼓，而它们那坚硬的嘴，就是顶好用的鼓槌。

天牛的脖子扭动起来嘎吱嘎吱地响——这不就是在拉一把小提琴吗？

蚱蜢的小爪子上带着钩子，翅膀上有锯齿，它用爪子抓翅膀，不也是在奏乐吗？

火红色的麻鳽把它长长的嘴伸进水里，使劲一吹，整个湖里的水都被吹得咕噜直响，就像牛叫似的。

沙锥更会**异想天开**（指想法很不切实际，非常奇怪），竟然用尾巴唱起了歌：它冲入云霄，张开尾巴，一头直冲下来。它的尾羽兜着风就能发出咩咩的声音——活像一头羊羔在森林的上空欢叫！

森林乐队就是这样的。

名师讲堂

过渡句，总结上文内容，引出下文。

名师讲堂

运用反问句，触动读者深思，产生共鸣。

名师讲堂

一系列动作描写将沙锥"唱歌"时的情景描绘得淋漓尽致。

鱼类的声音

有人用无线电收音机广播了记录着水底声音的录音带，听到的是一些人类从没听见过的声音，有暗哑的啾啾声；有尖利的嘎吱声；有不知是谁的呻吟声和哼唧声；有独特的咯咯声，又夹杂着突然的一阵震耳的唧唧声，这些声音把满屋子的人声都盖住了。原来这是采集来的黑海里各种鱼类的声音。各种鱼都有自己独特的声音，与水底世界中的其他居民迥然不同的声音。

现在，我们发明了海底音响收听装置——敏感的"水底耳朵"，我们才发现水底并不是一个静默的

名师讲堂

排比句，向读者介绍了海底不同鱼类的声音。

世界,鱼类根本不是哑巴。这个发现有很大的实用价值:借助水底测音机的帮助,就可以探知什么地方有丰富的渔业资源,那些贵重的鱼类往何处转移。这样,就不会盲目地出海捕鱼了,可以在确实知道鱼类的行踪后出发进行捕捞作业。将来,人也可能学会模仿鱼类的声音来诱捕鱼群。

🔍**名师讲堂**

作者在结尾处大胆设想,令人充满期待。

天然屋顶

花朵里最娇气的部分就是花粉。花粉一被打湿后就会坏掉。雨水、露水都对它有害。那么花粉该如何保护自己,免受被雨露沾湿的危害呢?

🔍**名师讲堂**

提出问题,为下文做铺垫。

铃兰、覆盆子、越橘的花朵,都像是倒挂着的小铃铛,因此它们的花粉就藏在了"屋顶"底下。

金梅草的花朵是朝天开的。但它的花瓣都像小勺似的向里弯着,层层花瓣的边儿互相压着。这样,就形成一个严丝合缝的小球。雨点落在花上,可是没有一滴雨能落在被小球包在里面的花粉上。

凤仙花现在**含苞待放**(形容花朵将要开放时的形态,比喻美丽娇嫩而生机正旺),它把自己的每一个花蕾都藏在叶子下面。多巧妙啊——花梗架在叶柄上,这样花儿就能乖乖地开在叶子底下,就像躲在屋檐下一样了。

🔍**名师讲堂**

向读者们介绍了凤仙花是如何保护自己的花粉的。

野蔷薇花的雄蕊多得很,一到下雨的时候,它就

把花瓣闭合了。
莲花在刮风下雨
的时候，也会把花瓣闭合。毛
茛花避雨的方法是向下垂。

有的笑，有的哭

森林里的生物大多是快快乐乐的，只有白桦树在哭。

在灼热的阳光下，白桦树的树液越流越快，有些甚至从树皮的孔里流到了外面。

人们把白桦树液当成好喝又**滋补**（增加、补充身体所需的养分）身体的饮料，所以人们就割开树皮，把树液收集到瓶子里。如果白桦流出了过多的树液，就会干枯，甚至死掉，因为树液之于树就像人体里的血液之于人那样重要。

松鼠开荤

松鼠吃了一个冬天的素食。它吃松果，还有从秋天就储藏起来的蘑菇。现在终于到了它开荤的时候了。

许多鸟已经筑巢，生了蛋。有的鸟甚至已早早地孵出了小鸟。

名师讲堂

白桦树为什么会哭呢？设置悬念。

名师讲堂

解释说明了人们收集白桦树液给树带来了巨大的伤害。

名师讲堂

过渡句，承上启下。

名师讲堂

照应前文"现在终于到了它开荤的时候了"。

这可便宜了松鼠：它去树枝上和树洞里找到鸟巢，然后把小鸟和鸟蛋掏出来饱餐一顿。

在破坏鸟巢这样的坏事上，可爱的松鼠倒也不亚于任何猛禽呢！

乡村日记

名师讲堂

总起句，概括了整段文章的主旨，表现出农庄里人们的忙碌。

集体农庄的人们有很多事情要忙：播种完成后，要将厩粪和化肥运到田里，再把肥料施到今年的秋播地上。紧接着，就是忙着种菜：第一件事就是种土豆，紧接着种胡萝卜、黄瓜、芜菁、饲用芜菁以及甘蓝。亚麻这个时候也长起来了，该给它除草了。

名师讲堂

运用感叹句抒发感慨，起到强调的作用。

那些孩子们也不闲在家里。他们在田里、菜园里以及果园里都是好帮手。他们帮着大人栽种、除草、为果树剪枝。集体农庄里的活儿可多啦！他们还要编扎够用一年的白桦扫帚，还要拔嫩荨麻，用嫩荨麻和酸模做的菜汤可好喝了。他们还要捕鱼：钓小鲤鱼、斜齿鳊、红眼鱼、鳜鱼、鲈鱼、鳊鱼等；用鱼簖和鱼梁来捕鳕鱼和小梭鱼；用鱼饵来捉鳜鱼、梭鱼和鳕鱼。

到了傍晚，他们就用捞网（在一根长竿子的一端安上一个框，框上装一个袋子形的网，这就是捞网）来捕捞各种各样（具有多种多样的特征或具有各不相同的种类）的鱼。

名师讲堂

描述了孩子们等待龙虾上网时讲故事的情景，充满童真童趣。

深夜里，他们在岸边布下簖来捉龙虾，然后坐在篝火旁讲各种故事，有滑稽故事，也有恐怖故事，等着上簖的龙虾多了，再去收网。

清晨时，已听不见田公鸡——也就是灰山鹑在

庄稼地里叫了。秋天播下的黑麦已经长到齐腰高了;春天播下的庄稼也长起来了。

灰山鹑还住在老地方,可是它不敢练嗓了。因为它身边就是它的巢,巢里有蛋,雌山鹑正在孵蛋。雄山鹑现在必须保持沉默,要不然就会叫出灾祸来的:不是大鹰闻声而来,就是孩子们,要不然也可能招来狐狸,这些淘气鬼全是捣毁田公鸡巢的能手呀!

名师讲堂 灰山鹑为什么不叫了呢?设置悬念。

我们是大人的好帮手

刚一放假,我们这些小学生们就开始给集体农庄的大人们帮忙了。我们也在田里除草,也除害虫。

我们**劳逸结合**(工作与休息相结合。是要根据时间关系,合理安排有效生活),既休息,同时也工作了,这样真是太好了。以后还有许多工作,要用心用力去做。不久后就该收割庄稼了。我们的工作是拾麦穗,还有捆麦束。

名师讲堂 照应前文,进一步说明农庄里事情繁多。

《森林报》通讯员　尼吉琴娜

新森林

在我们俄罗斯的中、北部地区,春季造林工作已经结束了。大片大片的新森林诞生了,总面积差不多有十万公顷。今年春天,在苏联欧洲部分的草原地带、森林草原地带,约二十五万公顷的新防护林带诞生了。同时,集体农庄还建成了大批的苗圃,明年将供应十亿多棵乔木、灌木树苗,以供造林使用。到今年秋天,俄罗斯联邦的林场还要再造几万公顷的新森林呢!

名师讲堂 用数字举例,表明俄罗斯中、北部地区的春季造林工作取得了不俗的成绩。

名师讲堂 表明国家对植树造林工作非常重视。

农场新闻

今天头一次放风

牧人把一群小牛犊放到牧场上去了。这对小牛犊来说还是头一回。它们感到了无比的欢乐，翘起尾巴，跑呀跳呀，满世界撒欢儿呀！

绵羊脱大衣

在我们红星集体农庄的绵羊剪毛室里，有十位经验丰富的剪毛工人，他们正在用电推子给绵羊剪毛。他们把绵羊浑身上下的毛剪得干干净净（比喻一点儿不剩），就像把绵羊身上的绒毛大衣脱掉了似的。

"谁是我妈妈呀？"

当牧羊人把"脱掉大衣"的绵羊妈妈放回羊群的时候，小绵羊已经不认识它们的妈妈了。小绵羊悲悲切切地咩咩地叫着："你在哪儿呢？妈妈，你在哪儿呢？"

牧羊人帮每一只小羊羔找到妈妈后，又回到绵羊剪毛室去给下一批绵羊剪毛了。

花期到了

果园里的果树迎来了一生中最重要的花期。看，草莓已经开过花了;一棵棵樱桃树上,开满了一簇簇雪白的花;昨天梨树也开花了;再过一两天,苹果树也会开花的。

名师讲堂

用排比句向读者介绍了几种已经开花的果树。

城市新闻

深海里来的客人

　　最近从芬兰湾游来了好多小鱼——胡瓜鱼,它们是从海洋游到涅瓦河来产卵的。它们产完卵后,会重新回到海洋的。

　　只有一种鱼苗是产在深海里,然后再从深海游到河里生活的。它的出生地是大西洋中的藻海。这种奇特的鱼,就是小扁头鱼。

　　你没听说过这样的鱼名吧?这倒也难怪,因为这是这种鱼住在海洋时的小名。那时,它浑身透明,能透出肚子里的肠子,它腰身扁扁的,像一片树叶。等它长大后,就变得像一条蛇了。

名师讲堂

将鳗鱼小时候和长大后的样子作对比,突出它的变化之大。

　　等它长大了,大家才**恍然大悟**(形容一下子明白过来),原来它是鳗鱼啊。

71

小扁头鱼要在藻海里生活三年。到了第四年，它们就会变成小鳗鱼，身体还是像玻璃般透明。那时，鳗鱼会成群结队地游进涅瓦河。它们从大西洋那个神秘的深海里游来，游到我们这里至少要走二千五百公里的路呢！

试飞的鸟儿

当你在公园、街头或是林荫路上走的时候，要时不时往上头瞅瞅！当心有小乌鸦或是小椋鸟从树上掉下来，还有小寒鸦或小麻雀从屋檐上掉下来，摔在你头上。现在这些小鸟刚出窠，正在学飞呢！

走过城郊

最近这段日子，住在郊区的人一到夜里就能听到一种低沉的、断断续续的鸣叫声："呼喊——呼喊——呼喊——呼喊！"起初，声音是从一条水沟里传出来的；接着，又从另一条水沟里传了出来。原来是路过郊区的黑水鸡。黑水鸡与秧鸡有血缘关系，它也和秧鸡一样，是徒步穿越整个欧洲到我们这儿的。

飘来的云团

6月11日，有很多人在涅瓦河畔散步。天空中没有一朵云，天气热得很。房子和柏油路被晒得很烫，人们也被烘烤得喘不过气来。孩子们在顽皮地嬉闹。

突然之间宽宽的河那边飘过一大片灰蒙蒙的云。人们都停下了脚步，望着天边这片云。只见这片云飞得很低，几乎就是擦着水面飞。大家眼瞅着它越来越大。终于,它发出的窸窸窣窣的声音把散步的人吸引过来围观,这时大家才看明白,原来不是云,是一大群蜻蜓。一眨眼的时间,这里就变成了一个奇幻的世界。因为有这么多扇动着的小翅膀,所以有一阵凉凉的微风掠过。

孩子们停下了游戏,出神地望着这奇异的景象:太阳光透过蜻蜓薄薄的翅膀,照得蜻蜓像彩色云母似的,在空中闪着美丽的光。此时人们的脸一下子变得**五彩缤纷**(指颜色繁多,色彩绚丽,十分好看的样子),无数极小的彩虹、光影和星星跳动在他们的脸上。这片小蜻蜓云团发出嗖嗖的声响,飞过河岸的上空,越升越高,最后飞到房屋的后面,看不见了。

这是一群新出世的小蜻蜓,它们成群结队去寻找新的家。至于它们是在哪出生的,要飞去哪里落脚,谁都不知道。

其实各处都有这种成群结队的蜻蜓。如果你遇到了蜻蜓群,不妨考察一下小蜻蜓是从哪儿飞来的,要飞到哪里去。

名师讲堂

运用比喻的修辞手法,表现出在阳光折射下蜻蜓翅膀的美丽。

名师讲堂

向读者们介绍了这群小蜻蜓的来历。

猎事记

诱饵

我们这一带有熊在胡闹,不是听说某个地方的一头小牛被咬死了,就是听说另一个地方的一匹小马被吃掉了。

我们召开了会议,在会上,塞苏伊奇说得很有道理,他说:"我们不能等着熊来祸害咱们的牲口群,应

名师讲堂

开门见山地点题,描写当地有熊作乱。

该采取措施了。加甫里奇家的小牛不是死了吗?把小牛交给我,我用它当诱饵。如果熊也来咱们这儿晃悠,那就一定会被诱饵引来。即便它来,也甭想伤到咱们牲口的一根毛。我一定要想个办法收拾它。”

塞苏伊奇是我们这儿的好猎人。大家把那头死小牛交给他了,对他说:“你去干吧!我们以后可以放心些了。”

塞苏伊奇将死小牛装到大车上,拉到森林里,放到一块空地上,给小牛翻了个身,让它的尸体头朝东躺着。塞苏伊奇对打猎的事样样在行。他知道,熊是不会动头朝南或是头朝西的尸体的——它会起疑心,它怕被别人伤害。塞苏伊奇用没剥皮的白桦树枝,在死小牛的四周圈起了一道矮矮的栅栏。又在离这道栅栏二十多步远的并排的两棵树上搭了个棚子,棚子离地面约有两米高。这是观察平台,猎人夜里就守在这个平台上等野兽出现。全部准备工作**就绪**(指一切安排妥当)。不过,塞苏伊奇并没有睡在棚子里,他还是回家过夜。

过了一个星期的时间,他还是照旧回家睡觉。只是在早晨腾出一点时间,去木栅栏那儿看看,绕着那儿走了一圈,卷一根烟抽一会儿,抽完就回家去了。

农庄里的庄员们开始取笑塞苏伊奇了。小伙子们嬉皮笑脸地对他说:“哎呀,塞苏伊奇,还是睡在自己家里的热炕上好啊,做梦更香甜吧?你不乐意在树林里守着吧?”可是塞苏伊奇是这么回答的:“贼不来,守也是白守呀!”他们又对塞苏伊奇说:“小牛可都发臭啦!”塞苏伊奇说:“那才好呢!”

名师讲堂

进一步表现出了塞苏伊奇的智慧。

塞苏伊奇就是那么安然自在，真拿他没什么办法！塞苏伊奇知道该做什么。他也知道，熊想着农庄里的牲口群，已经不是一天两天了。不过因为它眼前摆着个现成的死牲口，所以没有去扑那些活牲口。塞苏伊奇心里知道，熊闻到了死牛散发的那股臭味。猎人那**锐利**（指眼光、言辞等尖锐、犀利）的眼睛，发现了在放小牛的栅栏周围有熊的脚印。熊还没有动小牛，是因为它肚子不饿，要等牛尸发出更强烈的臭气时，它才会美滋滋地大吃一顿。死小牛在那里躺了一个多星期了。塞苏伊奇还是每天回家里过夜。终于有一天，他根据脚印，断定熊曾经爬过了栅栏，在牛尸上撕下了一大块肉。就在当晚，他带着枪爬上了棚子。

名师讲堂

塞苏伊奇根据熊的脚印判断它曾经来过，凸显出了塞苏伊奇的细心和经验丰富。

森林里的夜晚静得很，动物们都休息了。不过并非所有鸟兽都睡着了，猫头鹰扇动着毛茸茸的翅膀，不动声色地飞过，搜寻着草丛中窸窣作响的野鼠。刺猬在林子里晃悠着，寻找着青蛙。兔子在咔嚓咔嚷地啃着白杨的苦树皮。一只獾在土里翻着它喜欢的那些细植物根。这时，那只熊悄悄地走向小牛。塞苏伊奇奇困无比，这深更半夜的，他往常在这段时间都是睡得很香的。忽然，他听到什么东西咔嚓一响，不禁打了个冷战。也许他听错了？不是的。此时虽然天上没有月亮，但是北方的初夏夜，没有月亮也不算黑。他可清清楚楚地看到，在泛白的白桦树栅栏上，爬着一只黑毛野兽。熊爬过栅栏，吧唧吧唧地吃着。

名师讲堂

以动衬静，通过描写动物们的行动反衬出了夜间树林的宁静，为下文埋下伏笔。

"你等着瞧！"塞苏伊奇心里想道，"我这还有

名师讲堂

语言描写，突出了塞苏伊奇对黑熊的愤恨。

更好的东西招待你呢——我要请你尝尝枪子。"他端起枪，瞄准熊的左肩胛骨，一声雷鸣般的枪响，惊动了沉睡的森林。兔子吓得从地上蹿起半米高；獾吓得呼呼直叫，慌忙奔回自己的地洞；刺猬缩成了一团，竖起了身上的刺；野鼠一溜烟躲进了洞；猫头鹰悄悄地飞进大云杉的浓荫里去了。

片刻之后，世界又安静了。于是那些昼伏夜出的野兽又放大胆子，各忙各的了。

塞苏伊奇从棚子上爬下来，走到栅栏边，卷上一支烟抽了起来。他不慌不忙地回家了。天就要亮了，得补上一觉！

等到人们都起了床，塞苏伊奇对小伙子们说："喂，小伙子们！套上大车去森林里把熊拉回来吧！以后熊可伤害不了咱们的牲口了！"

阅读心得

五月的森林里十分热闹，小动物们唱歌、跳舞，快乐极了。作者用生动且充满想象力的语言，让我们欣赏了一场极具特色的"森林交响音乐会"。

赏好词

异想天开　含苞待放　恍然大悟　五彩缤纷

读佳句

孩子们停下了游戏，出神地望着这奇异的景象：太阳光透过蜻蜓薄薄的翅膀，照得蜻蜓像彩色云母似的，在空中闪着美丽的光。

动物们用不同的材料,在森林里建起了各种各样的"住宅";池塘里铺满了浮萍;草地上开满了漂亮的矢车菊;大人们忙着割下牧草,为牲口准备口粮;孩子们快乐地采摘浆果……

夏之卷

辛勤筑巢月

大家都在哪儿住

孵化的季节到了,森林里的居民们都建好了自己的房子。我们森林记者决定去了解一下:那些飞禽、走兽、鱼儿、虫儿都在哪里住?生活得怎么样?

好房子

原来,森林里上上下下都已经建起了小房子。所有的地方都被占据了。无论是地面上、地底下、水

面上、水底下，还是树上、草丛里、半空中，都已经有住户了。

空中的房子是黄鹂的。房子高高地挂在白桦树枝上，这是用亚麻、草茎和毛发编成的一只**轻巧**（指轻便灵巧）的小篮子，里面放着黄鹂的蛋。无论风怎么使劲摇树枝，蛋都不会掉下来！真神奇啊！

百灵、林鹨、鸫鸟和许许多多别的鸟，都把房子盖在了草丛里。我们的记者最喜欢的是靴篱莺的住宅，它是用干草和干苔藓做的，上面有个房盖，侧面还开着门。

树上的洞屋，是属于鼯鼠、木蠹蛾、小蠹虫、啄木鸟、山雀、椋鸟、猫头鹰等其他鸟儿的。

地底下的居民有鼹鼠、田鼠、獾、灰沙燕、翠鸟和各样的虫子。

凤头䴙䴘是一种无尾水鸟，它的巢浮在水面上，是用沼泽中的草、芦

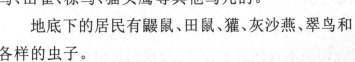

苇和水藻织成的。它们从小就住在那里面，小巢在湖面漂来漂去，像木筏一样。

把小房子盖在水底下的，是河榧子和水蜘蛛——银蜘蛛。

谁的住宅最好

我们的森林记者想评选一所最好的住宅。可是，要评选出最好的住宅，实在不是一件容易的事啊！

最大的巢是雕的，是用粗树枝做成的，就架在一棵又大又粗的松树上。

最小的巢是黄头戴菊鸟的，整个巢只有小拳头那么大，因为它的个头儿也很小——比蜻蜓还小。

最有心计的窝是田鼠的。有许多前门、后门、紧急门。不管你费多大劲儿，也别想把它堵在洞里！

最精致的住宅是卷叶象鼻虫的，它是带弯鼻子的小甲虫。它把白桦树的叶脉咬去，等叶子枯萎的时候，把叶子卷成小筒，用唾液粘上。雌卷叶象鼻虫就在筒里面产卵。

最简陋的巢是勾嘴鹬和欧莺的。勾嘴鹬直接把它的四个蛋下在小河边的沙地上，欧莺也直接把蛋下在树下的小坑里或者枯叶堆里。它们两个都不把力气花在造房子上。

最漂亮的房子是反舌鸟（是篱莺的一种，善于模仿人说话的声音和别的鸟儿的叫声）的。它把自己的小房子搭在白桦树的树枝上，用苔藓和比较轻的白桦树皮来装饰。它还从一座别墅的花园里弄来了五颜六色的纸片，也都贴到了房子上。

名师讲堂

从侧面表现出了动物们的巢各有特色，难以评选出最好的。

名师讲堂

进一步表明了田鼠的狡猾之处。

名师讲堂

照应前文内容"最简陋的巢是勾嘴鹬和欧莺的"。

最**舒适**（指舒服安逸）的巢是长尾巴山雀的。人们还把这种鸟叫"汤勺子"，因为它特别像舀汤用的长柄勺儿。它的巢，里层是用绒毛、羽毛和兽毛编的，外层是用苔藓粘成的。整个巢是圆的，像个小南瓜一样；在巢的最中间，是房子又小又圆的入口。

最方便的小房子是河榧子幼虫的。河榧子是长着翅膀的昆虫。它们待着的时候，就把翅膀收起来，放在自己的背上，把自己的身体都盖住。而河榧子的幼虫是没有翅膀的，全身光溜溜的，没有东西覆盖。它们通常生活在小河和小溪的底部。河榧子的幼虫通常会去找寻和自己的背差不多长短的细树枝或者稻草，然后它会把一根用泥土做的小管子粘在上面，然后倒着爬进去。这该多方便啊！要么，全身都躲在小管子里，安安静静地睡觉，谁也看不到它；要么，伸出前脚，背着小房子换个地方——小房子可是很轻便的呢！有一只河榧子的幼虫，在河底找到了一根香烟嘴儿。于是，它就钻了进去，带着烟嘴儿四处旅行。

最奇怪的房子是银色水蜘蛛的。它在水草间布上了一道网，再用它那毛茸茸的肚皮弄来一些气泡放在网下，水蜘蛛就这样生活在有空气的小房子里。

还有谁有巢

我们的森林记者还找到了鱼巢和野鼠巢。

棘鱼为自己造的巢真是**实实在在**（真实的，不夸张的）。雄棘鱼负责建造：它只选那些重一些的草茎，即使把它们放到河底，它们也不会浮上来的。雄棘

名师讲堂
交代了"汤勺子"这个奇怪的名字的由来。

名师讲堂
向读者们介绍了河榧子幼虫的外形特征和生活地点。

名师讲堂
详细描述了银色水蜘蛛的房子，突出了房子的奇怪。

名师讲堂
总起句，概括了整段文章的主旨。

鱼家的墙壁和天花板就是使用这种材料，还要用唾液将它们粘牢，再用苔藓将墙壁间的小窟窿堵上，只在墙上留两个小门就可以了。

小老鼠的巢和鸟巢是完全一样的，也是用草叶和一条条很细的草茎编成的。它的窠挂在圆柏树的树枝上，离地面差不多有两米高。

用什么材料造房子

森林里动物们的房子，都是用不同的材料建造的。

爱唱歌的鸫鸟的窠是圆的，它用朽木上的胶质物涂窠的内壁，就跟我们用洋灰涂刷墙壁似的。

家燕和金腰燕的窠由烂泥做成，它们用自己的唾液将泥窠粘得牢牢的。

黑头莺用细树枝建窠，用那又轻又黏的蜘蛛网，将那些细树枝粘得牢牢的。

䴓鸟是一种能头朝下，在笔直的树干上跑上跑下的小鸟。它把家安在洞口开得很大的树洞里。它害怕松鼠闯进它的家，就用胶泥将洞口封严，只留一个自己勉强能挤进去的小洞。

毛色翠蓝、腹部带咖啡色斑纹的翠鸟盖的房子最有趣不过了。它在河岸挖了一个很深很深的洞，在自己那小房间的地板上铺了一层细鱼刺儿。这样，就有了一条软绵绵的床垫子了。

借住别人的房子

如果有谁自己不会造房子，或者懒得造，那只能借用别人的住宅了。

杜鹃把蛋下在鹡鸰、知更鸟、黑头莺等会造房子的小鸟的房子里。

森林里的黑勾嘴鸫，通常是找一个破旧的乌鸦巢，直接在里面孵自己的小鸟。

名师讲堂

介绍了黑勾嘴鸫是直接找个破旧的乌鸦巢来孵蛋的。

船碢鱼非常喜欢水底沙岸壁上的小洞，洞的主人已经离开了，船碢鱼可以**不慌不忙**（形容态度镇定，或办事稳重、踏实）地在里面产卵了。

有一只麻雀，它的做法就很狡猾了：

起初，它在屋檐下造了一个巢，结果，被男孩子拆了。后来，它又在树洞里造了个巢，伶鼬跑过来，把它的所有的蛋偷走了。于是，麻雀就把巢造在雕的大巢旁边。在这些粗大的树枝之间，放一个小小的麻雀巢，一点儿都不占地方。

名师讲堂

通过事例，向读者们介绍了麻雀的狡猾之处。

现在，麻雀可以自由自在地过日子了。大雕根本不会注意它有这么小的一个邻居。至于那些伶鼬、猫、老鹰，甚至是男孩子，也不能破坏它的巢了，因为谁不怕大雕啊？

集体宿舍

名师讲堂

将蜂巢和蚁穴比作"集体宿舍"，生动形象。

森林里也有集体宿舍。蜜蜂、黄蜂、丸花蜂和蚂蚁建造的房子，可以容得下**成百上千**（形容数量极多）的成员。

白嘴鸦占据花园、小树林作为自己的殖民地。沙鸥占据了沼泽、沙岛和浅滩。

名师讲堂

采用比喻的修辞手法，说明灰沙燕的数量之多。

灰沙燕在陡峭的河岸上凿了无数个小洞，把河岸弄得像筛子似的。

巢里都有什么呀？

巢里有蛋，不同的巢里有不同的蛋！

不同的鸟产的蛋是不同的，这不是无缘无故的，而是有原因的。

勾嘴鹬的蛋上都是些大大小小的斑点；歪脖鸟的蛋是白色里稍微带点儿粉红色。

名师讲堂

选择这两种差异很明显的蛋来作比较，突出了这两种蛋的特点。

为什么会这样呢？原来，歪脖鸟的蛋下在又黑又深的洞里，谁也看不见。勾嘴鹬的蛋却是直接下在草墩上，完全是暴露的。如果它们是白色的，容易被看到。所以，现在这种颜色，被草墩的色彩盖住了，就不容易被发现。可是，没准你会一脚就踩上它。

野鸭的蛋几乎也是白色的，它们的巢也建在草墩上，也是暴露的。于是，野鸭只好耍点小聪明——当它从巢里离开的时候，它会从身上啄下自己的羽毛盖在蛋上，这样，别的动物就不会发现鸭蛋了。

那为什么勾嘴鹬的蛋一头是尖的,而大兀鹰的却是圆的呢?

这也很容易理解:勾嘴鹬是一种小鸟,兀鹰比它大五倍呢,而勾嘴鹬的蛋却很大,如果蛋的一头不是那么尖,小头对小头,它在孵蛋的时候,能那么方便吗?

可是,为什么小勾嘴鹬的蛋会和大兀鹰的蛋一样大呢?

这个问题,在下一期《森林报》中,在谈到雏鸟出世的时候,我们将会告诉大家。

森林中的大事记

狐狸巧占獾穴

狐狸遇到了一件倒霉的事:洞里的天花板塌了,差点儿把它的小宝贝砸死。

狐狸一看:这次坏了,看来得搬家了。

于是,它就到獾家里去了。獾有一间好房子,是它自己挖的。有入口,还有出口,这都是为了防止敌人突然发动攻击,逃生用的。

它的洞很大:都够两个家庭住的了。

狐狸想借用一间房子,獾立刻就拒绝了。獾可是很讲究的动物:它爱干净,爱整洁,它的房子可不能弄脏了。怎么能让别的家庭住进来呢?再说,还带着孩子!

狐狸被獾撵了出去。

"好哇,那你就等着瞧吧!"

狐狸假装到森林里去了,实际上,它就躲在灌木

丛后边，在那里坐着等候呢。

獾出来看了看：狐狸没在这儿。于是，它爬出洞来，去森林找蜗牛吃。

狐狸迅速地跑进洞里，在地上拉了一堆屎，把屋里弄得**乱七八糟**（形容无秩序，无条理，乱得不成样子）之后才离开。

獾回家一看：天哪！怎么这么臭啊！它气得哼哼唧唧的，然后就去别的地方又给自己挖了个洞。

这正合狐狸的心意。

它把小狐狸们都叫过来，在这个舒服的獾洞里住下了。

名师讲堂

运用拟人的修辞手法，将狐狸的狡猾和獾的爱干净描写得惟妙惟肖。

有趣的植物

池塘里已经铺满了浮萍，有人说那是苔草。其实苔草和浮萍根本不同，它们有各自的特点。浮萍和其他植物也不太一样，它是一种很有趣的植物。它的根很细，还长着一些小绿片儿，浮在水面上，绿片儿上长着一个又长又圆的凸起来的东西——这就是它的小烧饼茎和小烧饼枝。浮萍没有叶子，有时候会开几朵花，但只是有时候，更多的时候它是不开花的。它也用不着开花，因为它繁殖起来又快又简

名师讲堂

外形描写，介绍了浮萍的外形特征。

单——只要从小烧饼茎上脱落下一根小烧饼枝儿，它就能由一株变成两株了。

浮萍的日子过得可好了，自由自在，走到哪里，哪里就是它的家，什么也不能把它拴在一个地方。当野鸭游过它身边时，它就挂在野鸭的脚上，跟随野鸭从一个地方飞到另一个地方。

名师讲堂

向读者们介绍了浮萍简单的繁殖方式。

满足要求

在草场和空地上，开满了紫红色的矢车菊。我一看见它，就想起了伏牛花。因为它也像矢车菊一样，会变魔术。

名师讲堂

介绍了两种会变魔术的花——伏牛花和矢车菊。

矢车菊——不是花——而是一种花序。它那些漂亮的、**蓬松**（形容毛发、蒿草等物松散开来的样子）的、像犄角一样的小花，其实只是一些不结子的空花。真正的花在中间，是一些暗红色的小管子。管子里面，有一株雌蕊和几株会变戏法的雄蕊。

这些紫红色的小管子只要被你碰到，就会歪向一旁，上面的小孔里就会喷出一股花粉来。

名师讲堂

详细描述了矢车菊是如何变魔术的。

过了一小会儿，你再碰它，它又会喷出花粉来。瞧，这魔术多有趣！

这些花粉可不能浪费，每当昆虫向它提出请求时，它就会满足它们。"拿去吧！吃吧！沾在身上也行，只要多少带点儿到另外的矢车菊上就行了。"

神秘的夜行大盗

森林里出现了一个神秘的夜行大盗，闹得大家**人心惶惶**（形容众人惶恐不安）的！

每天夜里，总有几只小兔子被偷走。小鹿呀、禽鸡呀、松鸡呀、榛鸡呀、兔子呀、松鼠呀——每天夜里都特别害怕，总觉得就要大难临头了。不管是灌木丛里的鸟，还是树上的松鼠，或者地上的老鼠，它们都不知道，在哪里会受到攻击。神秘杀手总是突然出现，无法预料——有时候是从草里出来，有时候是从灌木丛里，有时候又从树上出现。可能凶手不是一个人，而是一大群土匪。

几天前，一个獐鹿的小家庭——一只雄獐鹿、一只雌獐鹿、两只小獐鹿，夜里去空地边找吃的。雄獐鹿站在距离灌木丛八步远的地方**警戒**（告诫，使注意改正错误），雌獐鹿带着两个小宝贝在空地中间吃草。忽然，一个乌黑的家伙从灌木丛里蹿出来，一下子就跳到了雄獐鹿的背上。

雄獐鹿倒了下去。雌獐鹿带着两个孩子拼命地逃进了森林。

第二天早上，雌獐鹿回到空地上，看到的是只剩下蹄子的雄獐鹿。

而昨天晚上受害的还有麇鹿。它穿过茂密的森林时，看见旁边的一棵树上，好像有个奇怪的大木瘤。

麇鹿这么大的块头，它怕过谁啊？就凭它那对大犄角，连熊见到它都躲得远远的。

名师讲堂：总起句，引出下文。

名师讲堂："夜行大盗"总是突然出现，突出了它的神秘。

名师讲堂：一系列动作描写，表现出了"夜行大盗"动作的敏捷。

名师讲堂：用麇鹿的强大反衬出"夜行大盗"的神秘、可怕。

麋鹿走到那棵树下，正想抬起头仔细看看木瘤长什么样。忽然，一个可怕的大家伙一下子就扑到它的脖子上，好重，足有三百公斤。

麋鹿大吃一惊，它猛地把脑袋一甩，把"强盗"从背上抛了出去，没敢回头看一眼，撒腿就跑。所以，夜里到底是谁攻击它，它也不知道。

我们这儿的森林里没有狼，就算是有，狼也不可能爬到树上去啊。熊现在还躲在密林深处呢——它才懒得动弹呢。就算是熊，它也不会从树上跳到麋鹿的脖子上啊！

可是，这个神秘的"强盗"到底是谁呢？直到现在都没有人知道。

欧夜莺的蛋哪儿去了

我们的森林记者找到了一个欧夜莺的巢，巢里有两个蛋，当雌欧夜莺察觉到有人走近的时候，就从蛋上飞了起来。

我们的森林记者并没有碰它的巢，只是悄悄地记下了这个巢所在的位置。

过了一个小时，记者们又回到了巢那儿。可是，巢里的蛋已经没有了。

过了两天，他们才弄明白：原来雌欧夜莺把蛋衔到别处去了。它害怕有人来破坏它的巢，把里面的蛋转移到别的地方去了。

勇敢的小鱼

雄棘鱼在水底下做的窠是什么样的，我们已经讲过了。

名师讲堂

雌棘鱼太太为什么产完卵后就走了呢？设置悬念。

　　雄棘鱼刚盖好房子，就给自己找了条雌棘鱼做妻子，然后领回家。它的妻子从前门进去，产完卵后，立刻从另外的门游出去。

　　雄棘鱼又去寻找第二任太太，然后是第三任、第四任。可是，所有的雌棘鱼太太都离开了它，只留下一群群鱼子让它照看。

　　雄棘鱼独自留在窠里，而房间里到处都是鱼子。

　　河里有很多新鲜鱼子的爱好者。可怜的小个子雄棘鱼，为了不让那些残忍的水下怪兽来骚扰，只好时刻保护自己的家。

　　前不久，有一条贪婪的鲈鱼闯进了它的家。于是，小个子的房主勇敢地和这个怪兽打了一架。

　　它扬起了身上所有的刺——三根长在背上，两根长在肚子上——一下子就扎在了鲈鱼的腮上。

　　原来，鲈鱼的全身都覆盖着盔甲——鱼鳞，只有腮部是赤裸着的。

　　这小家伙还真把鲈鱼给吓坏了，一转眼，鲈鱼就不见了。

谁是凶手

今天夜里，森林里又发生了一件谋杀案，遇难者是松鼠。我们仔细**勘察**（去实地进行调查）了遇难者的出事地点，根据凶手在树干和树底下遗留的痕迹，最终，我们可以确定这个神秘的罪犯是谁了。而且，不久前咬死獐鹿的是它，扰乱整个森林治安的也是它。

根据作案者遗留的脚印，我们可以确定，凶手是我们北方森林里的"豹子"——残忍的"森林大猫"——猞猁。

现在，猞猁妈妈正领着长大的孩子满树林乱窜着，在一棵棵树上爬来爬去。

猞猁有一对夜视眼，它的视力在夜晚时跟白天一样好。谁要是在睡觉前没有好好地躲起来，那可就糟糕了！

六只脚的"鼹鼠"

我们在加里宁格勒的一位森林记者发回报道说："为了锻炼身体，我在地上竖起一根竿子。我在刨土的时候掘出了一只小野兽。只见它前面的脚掌有爪子，背上有两片像翅膀一样的薄膜，身体上覆盖着一层棕黄色的细毛，像是又短又密的兽毛。小野兽的长度有五厘米，我还真不知道这是什么小野兽。好像是黄蜂，又好像是田鼠，可是它有六只脚，我感觉这应该是一种昆虫，但不知道是哪一种。"

这种独具特点的昆虫，事实上确实有点儿像野兽。这也就不能怪它有一个野兽的名字了——蝼蛄。它和鼹鼠有很多地方都很像，都有宽大的前爪，都是掘土的专家。小蝼蛄的前脚长得像剪刀一样，这对它来说是必需的，因为这样它在地下玩耍的时候，才能剪断植物的根。而个子大、力量又足的鼹鼠做这件事就简单多了，它只需要用自己强有力的前爪一抓就可以弄断，要不然就用牙齿直接咬断。

蝼蛄的腭上生着一副锯齿状的薄片，好像牙齿一样。

蝼蛄是在地下度过大部分生活的。它像鼹鼠似的挖地道，把卵产在地道中，之后用一个小土堆盖住。除此之外，蝼蛄还有一对又大又软的翅膀，它的飞行技术很高超。在这方面，鼹鼠可比它差远了。

在加里宁格勒，碰到蝼蛄的机会并不多，在列宁格勒就更少了。但是，在南部各州，这种家伙就很多了。

谁要是想找到这种与众不同的小昆虫，那就去潮湿的土里找吧，特别是水边、花园和菜园里。可以这样捉到它：选一个地方，每天晚上往那浇水，再用木屑把那个地方盖起来。到了半夜，蝼蛄自然而然地就会钻到木屑下的稀泥里去。

救援者——刺猬

清晨，玛莎一觉醒来，胡乱地穿好衣服，光着两

名师讲堂

设置悬念，引起读者的阅读兴趣。

名师讲堂

解释说明了小蝼蛄前脚的作用——剪断植物的根。

名师讲堂

解释说明了蝼蛄的生活习性——挖地道，并将卵产在地道中。

名师讲堂

向读者们详细介绍了如何捕捉蝼蛄。

只脚就跑到森林里去了。

森林里的小山岗上长出了许多草莓。玛莎麻利地采了一篮子，转身往家跑。她在一个个沾满了露水的草墩上跳跃着，突然滑了一大跤，立刻就感到一种钻心的疼痛。原来，她从草墩上滑下来时，一只脚丫被什么尖东西刺了一下，流血了。

原来是踩到草墩旁蹲着的一只刺猬身上了。此时，它正蜷着身子，呼呼地叫着呢。

玛莎一边哭着，一边坐到旁边的草墩上，用衣服擦脚面上的血。刺猬不出声了。

突然，一条背上有锯齿形黑条纹的大灰蛇，冲着玛莎爬了过来。这是条毒蛇！玛莎吓得腿都软了。毒蛇越爬越近，咝咝咝地吐着叉状舌头。这时，刺猬突然站起来，小跑着奔向毒蛇。毒蛇挺直整个上半身，像根鞭子一样向刺猬抽过去。刺猬可真够灵敏（反应迅速），立即竖起了刺。毒蛇害怕了，想转身逃跑。刺猬却已经扑到它身上，从背后用牙齿咬住它的头，用爪子使劲拍打它的后背。

这时候，玛莎才回过神来，赶忙跳起来，跑回家去了。

蜥蜴

我在森林里一个树墩旁抓到了一只蜥蜴，把它带回家，放到了一只大玻璃罐中，在玻璃罐的底部铺上沙土和石子。每天，我都给它抓一些苍蝇、甲虫、小虫子、蛆虫、蜗牛什么的，还给它换水、换草。每次蜥蜴都会津津有味地大口吃掉它们。它特别喜欢那

名师讲堂

玛莎摔了一跤，为下文埋下了伏笔。

名师讲堂

运用夸张的表现手法，凸显了玛莎此刻内心的恐惧。

名师讲堂

比喻贴切、生动，突出毒蛇身体细长、有力的特点。

名师讲堂

作者十分细心地照顾着这只蜥蜴。

种生长在甘蓝丛里的白蛾子。你看,它飞快地转动小脑袋,张开嘴巴,吐出舌头,跳跃着扑向自己的美味,活像小狗见到骨头一样。

有一天清晨,在小石子之间的沙土里,我发现了十多个椭圆形的小白蛋,蛋壳又软又薄。蜥蜴挑了个地方孵蛋,那里可以让蛋晒到太阳。过了一个多月,蛋壳破了,从里面钻出来十多只动作灵敏的小蜥蜴,长得极像它们的妈妈。

现在,这些家庭成员都躺在石子上晒太阳呢。

燕子巢

6月25日

每天,燕子都在我眼前辛辛苦苦地工作,一次又一次地衔泥筑巢,慢慢地那个巢就大了起来。每天天一亮,它们就开始干活,中午又开始修补,用唾液粘上泥土,一直到日落前两个小时才停下来不做了。因为不停地粘是不行的——得让泥土干一干才行呀!

有时候,其他燕子也会来做客,如果大猫费达谢奇不在屋顶的话,它们会在房梁上待一会儿,叽叽喳喳,和气地说一会儿话。新居的主人是不会把它们赶走的。

月亮由圆转缺，两端尖朝右的时候，人们叫做下弦月，现在巢越来越像下弦月了。

我已经完全明白，为什么燕子巢的形状会是那样的，为什么巢的左右两侧增长的幅度会不一样。原来，筑巢的工作是由雄燕和雌燕一起完成的，它们两个的干劲也有所不同。雌燕衔泥飞回来后，头总是往左歪的，它干活非常卖力，衔泥的次数也比雄燕多。而雄燕呢，经常一消失就是几个钟头不回来——大概是和别的燕子在云霄里追逐玩耍呢。它在巢上干活，头总是向右歪的。它总是落后于雌燕，巢的右边也总是落后于左边，所以燕子巢才会这么不均匀。

雄燕子可真懒惰啊，可它自己**不以为然**（指不认为是对的。表示不同意或否定）！要知道，它比雌燕还强壮呢！

6月28日

燕子已经完成了衔泥的工作，现在它们正向巢里衔干草

> **名师讲堂**
> 形象地表现出了燕子巢的外形特征。

> **名师讲堂**
> 运用对比，将雌燕的勤劳和雄燕的懒惰描写得惟妙惟肖。

和羽毛——做垫子。我真的没想到,它们会考虑得这么巧妙:原来,从设计上考虑,燕子巢就应该一边比另一边增长得快一些!雌燕子已经把自己这边粘到最顶端了,而雄燕子没有把自己这边造到最顶端。这样,就形成了一个右侧上方角落里带孔的圆泥球。这个巢就应该是这样,因为右侧的上方不就是个门吗?要不然,燕子怎么才能进自己家的门呢?看来,我觉得雄燕子懒惰,是错怪了它。

今天,雌燕子搬进了新房子过夜。

6月30日

巢建完了。雌燕子待在家里,不出去了。可能它已经产下了第一个蛋。雄燕子时不时得给它衔一些小虫子回来,还不停地给它唱歌,唱呀,唱呀,它可真高兴,**叽叽喳喳**(形容杂乱尖细的声音)地奖励着雌燕子。

燕子组委会又飞来了——就是那一群燕子。它们排着队,向巢里面张望,在巢旁扑着翅膀。可能它们是在吻幸福的女主人吧!客人们叽叽喳喳地闹了一阵子,就飞走了。

大猫费达谢奇还是时常爬上屋顶,向巢里面张望。它是不是也在**焦急**(非常着急)地等待着小燕子出世呢?

7月13日

都两个星期了,雌燕子待在巢里几乎没出来过。只是在中午最暖和的时候,它才出来飞一会儿。那时,娇嫩的蛋不会受凉。雌燕子在屋顶盘旋一小会儿,捉几只苍蝇吃,然后飞到池塘边,低低地掠过水

面,用嘴吸一点儿水喝。喝饱了就又回到巢里。

可是今天,雌燕子和雄燕子开始一起忙碌起来,从巢里飞进飞出的。有一次,我还看见雄燕子嘴里衔着一块白色的蛋壳,雌燕子嘴里衔着一只小虫。原来,小燕子已经出世了。

7月20日

不好了!不好了!大猫费达谢奇爬到屋顶上了,它从横梁上倒挂下来,用爪子使劲向巢那边伸过去。巢里面的小燕子啾啾地叫着,好可怜呀!

这时候,不知道从哪儿飞来了一群燕子。它们叫喊着,迅速地飞着,几乎就要撞到费达谢奇的鼻子上了。哎哟,大猫的爪子差点儿就够到一只燕子!哎呀!它又扑向另外一只燕子了……

天哪,太好了!扑通一声,这个灰色大强盗没有料到自己会从横梁上摔下去!

虽然没摔死,可也够它受了。它痛苦地喵喵叫着,一瘸一拐地走了。

这是它应得的!它再也不敢吓唬燕子了。

小燕雀和它的妈妈

我们家有一个满是花草的院子。

我在院子里散步,突然,从脚下飞出了一只小燕雀。它的头上还长着绒毛,飞起来,又落下。

我捉住它,带回家来。父亲建议我把它放在打开的窗户前。

大概一个小时后,它的爸爸妈妈就飞来喂它了。

就这样,整整一天它就待在我的家里。到了夜

里，我关上窗户，把它放在笼子里。

早晨我醒来的时候刚好五点。我看见小燕雀的妈妈蹲在窗台上，嘴里衔着一只苍蝇。于是，我跳起来，把窗户打开，躲在房间的角落里偷偷地看着。

很快，小燕雀的妈妈重新出现了，还是蹲在窗台上。小燕雀啾啾地叫起来——它是在要吃的呢。于是，燕雀妈妈才下定决心飞进屋里，蹦到笼子跟前，隔着笼子喂小燕雀。后来，燕雀妈妈飞走去找吃的，我就把小燕雀从笼子里拿出来，送到院子里去。

等我想再去看小燕雀的时候，它已经不在那儿了：燕雀妈妈把它带走了。

金线虫

有一种神秘的生物，生活在江河、湖泊和池塘里，甚至是普通的深水坑里，它的名字叫金线虫。老人们也管它叫"有生命的马毛"。在人洗澡的时候，它会钻进人的皮肤，在里面来回游动，让人奇痒无比。

金线虫酷似一根根棕红色的毛发，更像一截截被钳子夹断的金属丝。它是那么硬！如果你把它放在一块石头上，用另外的石头砸它，它都不会怎么样，还是不断地伸缩，或者干脆盘成一个诡异的团。

其实，金线虫是一种软体虫，没有大脑，不会给

名师讲堂

燕雀妈妈给小燕雀喂食，为后面的情节发展做铺垫。

名师讲堂

动作描写，表现出燕雀妈妈对小燕雀的爱。

名师讲堂

向读者们介绍了金线虫的外形特征。

人体带来危害。雌金线
虫产卵，它的卵在水里孵成有角
质的长吻和带钩刺的小幼虫。
它们附着在水下昆虫的身体里，
被昆虫的外皮盖住。如果它们的"宿主"被水蜘蛛或
者别的什么昆虫吃掉的话，它们的一生就结束了。
如果它们有幸进到新"宿主"的身体里，它们就会在
那里变成没有大脑的软体虫，钻出来，游到水里，吓
唬那些迷信的人。

用枪打蚊子

　　达尔文公署的办公区坐落在一个半岛上。周围
是雷滨海。这是一个新的、特殊的海：不久前，这里
还是一片森林，海很浅，现在有些地方还能看到树
梢。海里的水是淡水，而且很温暖。**数以万计**（以
万来计算；极多的）的蚊子就在这里繁衍生息。

　　大群的小吸血鬼钻进科学家的实验室、厨房、卧
室，让他们工作也做不好了，饭也吃不香了，觉也睡
不安稳了。

🔍 名师讲堂

　　表明这片温
暖的海域适合蚊
子繁衍生息。

晚上，所有的房间里都响起了霰弹枪的声音。出什么事了？什么事儿都没有，只不过是用枪打蚊子罢了。

当然，枪里装的不是子弹，也不是铅弹。是用少量普通打猎用的火药，装在带引信的弹壳里，之后用一个厚厚的塞子堵住。然后，将弹壳里装满杀虫粉——塞上——粉末就不会露出来了。

在开枪的时候，杀虫粉就变成很细微的尘粒，扩散到整个建筑物内，钻到大大小小的缝隙中。这样，所有角落里的虫子都被杀死了。

少年自然科学家的梦

一位少年自然科学家正积极地准备在班里做个报告，报告的题目是《我们要同森林和田野里的害虫做斗争》。

"采用机械和化学的方法同甲虫做斗争，将花费13 700万卢布。"少年科学家读着。"用手去捉1301万只甲虫。如果用火车来运输的话，将需要813节车厢。为了和昆虫做斗争，每公顷的土地上每天将有20~25个人投入工作。"

像蛇一样长的数字，拖着许多零的大尾巴，在他眼前闪来闪去，冒着金星。少年科学家感到头晕了，只好去睡觉！

他做了一整夜的噩梦。多得数不清的甲虫、幼虫、青虫，一列列、一行行地从黑魆魆的森林里爬出来，飞快地爬进田野，将大片田野团团围住并摧毁。他用手掐，用带药水的水龙头喷，都不见效，害虫们

还是**源源不断**（形容接连不断）地涌进来。它们所到之处，都变成了一片荒漠……少年科学家被吓醒了。

早晨起床的时候，他发现事情并没有那么可怕。于是，他在自己的报告中建议：鸟节前，大家一定要做许许多多的椋鸟房、山雀巢和树洞形鸟巢。

鸟儿捉青虫、幼虫、甲虫的本领可比人大多了，而且它们还免费干活，义务劳动呢！

名师讲堂

用夸张的手法表现出害虫的可怕。

名师讲堂

感叹句，突出了鸟类在消灭害虫方面的巨大贡献。

请检查一下

有人说，如果在露天的铁丝网养禽场里，或者在没有顶盖的笼子上面，交叉着拉一些绳子，那么所有的猫头鹰，甚至雕鸮，在扑向铁丝网或笼子里的家禽以前，都一定会落在这些绳子上。在猫头鹰的眼中，这绳子挺硬的。可是只要它一落到这绳子上，立刻就会倒着栽下来，因为绳子太细了，而且也拉得很松。

猛禽栽下来以后，就会头冲下，一直挂到第二天早晨——猛禽保持这种姿势，不敢扇动翅膀，它们害怕被摔死。等到天亮的时候，你就可以过去把"小偷"从绳子上取下来了。

名师讲堂

叙述了露天的养禽场用绳子抓"小偷"的原理。

我们请您试验一下，看看这是不是真的。您也可以用粗铁丝代替绳子来试试看。

钓钩永不落空

钓鱼和天气

夏天，大风和暴雨把鱼赶到寂静的地方去了，像深坑呀、草丛呀、芦苇丛呀。如果这样的天气持续几天，那么所有的鱼都会变得没精神，就算是给它们鱼食，它们也不愿意吃。

在炎热的天气里，鱼就会寻找凉爽的地方，比如有泉眼的地方。在那里，泉水向上冒，周围的水就会变凉。在天气炎热的日子，只有早晨和晚上的时候，鱼儿才会上钩，因为那时热气已经散了。

夏天干旱的时候，河里和湖里的水位会下降，鱼儿就会躲进深坑。但是坑里的食物很少。所以，你要是想钓鱼的话，就必须找到一个这样的坑，特别是用鱼饵钓鱼，就更需要了。

麻油饼是最好的鱼饵，用平底锅煎一下，捣烂之后，将它与煮烂的麦粒、米粒或豆子和在一起，或者撒在荞麦粥、燕麦粥里。这样，鱼饵就会散发出新鲜的麻油味。鲫鱼、鲤鱼和许多别的鱼都喜欢这个味道。要每天不间断地喂它们，让它们习惯了，过几天，那些肉食鱼，像鲈鱼、梭鱼、刺鱼、海马什么的，也会跟着它们过来。阵雨或者雷雨会促使水温变低，大大刺激鱼儿的食欲，让它们胃口大开。下雾过后，或者天气晴朗的日子，鱼儿也很容易上钩。

根据晴雨表、鱼儿上钩的情况、云彩、夜雾和露水，每个人都能学会预测天气的变化。那些鲜明的紫红色霞光，说明空气里的水蒸气很多，可能要下雨了。金粉色的霞光则正相反，说明空气很干燥，最近几个小时都不会下雨。

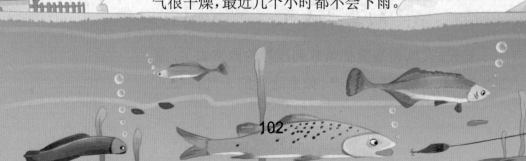

运动着钓鱼

通常，人们钓鱼都是用带鱼漂和不带鱼漂的普通钓鱼竿钓鱼。当然，也可以利用绞竿钓鱼。除去这些方法以外，还可以乘着小船运动着钓鱼。用这种方法，首先要准备好一根结实的长绳子（约50米长），在用手拉的地方接一段钢丝或牛筋，还要预备一条假鱼。把假鱼拴在绳子上，拖在小船后面25~50米的距离。小船上坐两个人，一个人划船，另一个控制绳子。把假鱼拖在水底或者水中间走。肉食鱼，像鲈鱼、梭鱼、刺鱼，如果发现头上有一条鱼在游，它们会立刻扑上去吞掉它，绳子会抖动起来。钓鱼者就知道有鱼儿上钩了，慢慢拉紧绳子，把鱼儿钓上来。运动着钓鱼，总能钓到个头很大的鱼。

在湖里运动着钓鱼，最合适的是那些悬崖峭壁下的深坑里，周围堆着被风刮倒的树木或者长满了灌木丛，或者是水面宽阔的芦苇丛中。在河里钓鱼，得沿着陡岸划船，或沿着平静的深水区，在水面宽阔

名师讲堂

详细地描述了运动着钓鱼的过程，给读者身临其境之感。

103

的地方划船,或者在石滩和浅滩上面或者下面划船。用假鱼钓鱼的时候,小船要慢慢划,尤其是**风平浪静**(无风无浪,水面平静;比喻生活、局势等安定平静)的日子。即便隔得很远,鱼儿也能听到桨划过水面的声音。

捉小龙虾

捉小龙虾最好的月份,是那些称呼里不带"p"的月份(俄语中不带"p"的月份是5月、6月、7月、8月)。

要捉小龙虾,就必须了解这种小动物的生活习性。

小龙虾是由虾子孵化而来的。虾子在雌虾的腹足里(河虾有十只脚,最前面的一对是钳子)和尾巴下方的区域里(对这个部位,有一个温柔的称呼,叫虾颈),数量可以达到一百多粒。

虾子们在妈妈身上生活了整个冬天,夏天刚一到来,虾子们就裂开了,一群像小蚂蚁一样的小虾跑出来。虾在哪里过冬?这个问题现在所有人都知道了,不像以前,只有最聪明的人才了解——虾就在河岸和湖岸上的小洞穴里过冬。

小龙虾在生命中的第一年,要经历八次换壳(这是它的外骨骼),成年之后,一年一次。换掉外皮的虾,浑身光溜溜的,只能躲在自己的洞里,直到身上长出了新壳之后才敢出来。因为脱掉外壳的虾,是很多鱼儿喜欢的美味。

小龙虾是夜间出行的动物,白天总是喜欢躲在洞里。但是,如果它发现了猎物,那就连太阳也不怕了,会从洞里跳出来捕捉。于是,你就可以看见水底冒上来的一串串气泡了,这就是虾在呼吸。水里的一切小鱼、小虫都是小龙虾的食物,不过,它最喜欢的还是腐肉。在水底隔得老远,它就能闻到这股味儿了。

捉小龙虾的人通常是用这种饵食:小块的臭肉、死鱼、死蛤蟆什么的。当它晚上从虾洞里出来,在水底溜达找食的时候,去捉它(小龙虾只在逃走的时候,才退着走)。

把饵食系在虾网上,虾网固定在两个木箍或者铁丝箍上。为了防止小龙虾一进网就把网内的腐肉拖走,箍的直径要设计成大约30~40厘米。用细绳把虾网系在长竿的一端,捉虾的时候,要把虾网浸到水底。

虾多的地方,很快就会有虾钻进网里被困住。

还有更复杂一点儿的捉虾方式。不过,最简单、效果最好的方法是:在水浅的地方,蹚水找到虾洞,用手捉住虾的背部,直接把虾从洞里拖出来。当然,有时候,虾会夹住你的手指头。可是,这有什么呢?我们并没有向胆小鬼介绍这种方法呀。

如果你随身带着一口小锅,还有葱、姜和盐,你就可以在岸上煮一锅水,把盐、葱、姜和虾一起放在锅里煮来吃了。

在温暖的夏夜里,伴随着漫天星斗,在小河边或者湖边的篝火旁煮美味的虾吃,是多么**惬意**(形容心情感到愉快、畅快)的事啊!

乡村日记

黑麦长得比人都高了,花已经开了。田公鸡——灰山鹑带着自己的妻子在麦田里散步,就像在树林里一样。它们的后面跟着一群黄色的小球,原来小山鹑已经从蛋里孵出来了。

人们都在割草。有的地方用镰刀割,有的地方

名师讲堂
指出了捕捉小龙虾的最好时机是在它夜间觅食的时候。

名师讲堂
表明在虾多的地方使用虾网是非常有效的。

名师讲堂
语言幽默、轻松,读来让人忍俊不禁。

用割草机割。割草机在草场上驶过，挥舞着光秃秃的翅膀，后面一排排的，像直尺一样平躺着芬芳（指味道清新宜人，让人闻起来感到很舒服）多汁的高高的牧草。

菜园里的畦垄上的葱已经长高了，绿油油的。孩子们正在拔葱呢。

女孩儿们和男孩儿们一块去采浆果。这个月夏天已经开始了，在向阳的小山坡上，味道鲜美的草莓已经成熟了。现在正是采草莓最好的时候，森林里的黑梅果已经熟了，覆盆子也快熟了。在长满苔藓的沼泽地里，桑悬钩子从白色变成了红色，又从红色变成了金黄色。你想吃什么浆果，就能采到什么样的浆果。

孩子们想多采一些浆果。可是，家里的活儿把他们拴住了：要去挑水浇整个菜园子，还得去除畦垄沟里的草。

农场新闻

牧草的抱怨

牧草抱怨说：人们欺负它们。牧草们刚刚准备开花，有的已经开花了，白色的羽毛状柱头已经从小穗里长出来了，沉甸甸的花粉就挂在纤细的丝线上。

突然，来了一群人，把所有的牧草都割下来，而且是齐根割下。现在牧草们已经不能开花了，只好又重新长呀长的。

森林记者仔细地调查了整个事件，搞明白了：原来，人们把割下来的草晾干，就得到了牲口一冬所需要的口粮。因此，人们把牧草都割下来这件事，办得一点儿错都没有！

名师讲堂

运用了拟人的修辞手法，读来生动有趣。同时也设置悬念，引起读者的阅读兴趣。

名师讲堂

解答疑问，人们割下牧草是为牲畜准备口粮。

田里喷洒了魔术药水

如果把这种魔术药水喷到杂草上，杂草就会死去。对它们来说，这就是死亡药水。

可是，要是把魔术药水喷到谷物上，谷物却没事，还会像以前那样精神百倍，**欢欢喜喜**（指十分高兴与愉悦）地生长。对它们来说，这是充满活力的药水。不仅没有害处，而且能帮助它们生长，消灭它们的敌人——杂草。

名师讲堂

运用对比的手法，突出了这种药水的奇妙之处。

107

太阳的受害者

在"共青团员"农场里，两只小猪崽在遛弯的时候被太阳灼伤了后背。在被灼伤的地方长出了水泡，人们马上请来了兽医。

所以，在炎热的日子里，是禁止小猪崽外出的，甚至和猪妈妈一起也不行。

避暑的人失踪了

不久前，"小河"农场里两位避暑的女客人，忽然神秘地失踪了。人们找了很久，最后才在离农庄三公里远的干草垛边找到她们。

女客人迷路了。情况是这样的：早晨的时候，她们去河边洗澡，看见淡蓝色的亚麻田里有一条路。午后，她们准备回家时，却怎么也找不到那块淡蓝色的田地了。她们就这样走丢了。

女客人不知道，清晨的时候，亚麻会开花，而中午的时候，花朵就谢了，亚麻田就从淡蓝色变成了绿色。

母鸡疗养

今天一大早，农场的母鸡们出发去疗养地了。它们一路上可真舒服：住着自己家的房子，乘着汽车。

母鸡疗养地就是被收割过的麦田。麦子已经被运走了，只剩下麦秆和落在地上的麦粒。

为了不让这些麦粒白白地浪费掉，人们把母鸡送到这里来疗养。这里整个成了母鸡村，不过这不是永久的，只是临时的。等到母鸡从地上捡完所有麦粒，人们又把它们装上汽车，送到别的地方去捡新的麦粒。

名师讲堂
表现出农场里的工作人员对小猪崽的爱护。

名师讲堂
讲述事例，凸显出了亚麻田的神奇，引起读者的阅读兴趣。

名师讲堂
向读者们介绍了亚麻开花的特点。

名师讲堂
讲述了人们把母鸡送到麦田来的原因。

108

绵羊妈妈着急了

绵羊妈妈们特别着急，因为很快就有人把它们的小羊接走。当然，总不能让已经三四个月大的小羊还跟在妈妈后边转呀！应该教它们过独立的生活了。现在，小羊已经能够独立地吃草了。

准备上路

浆果熟了：树莓（马林果）、醋栗、茶藨果都熟了。它们该准备上路了——从农场运到城里去了。

醋栗不怕走远路，它说："运我吧，我坚持得住，越早上路越好。我现在还没熟透，还是硬的。"

茶藨果说："认真点儿包装，我就能到那儿。"

可是树莓（马林果）提前泄气了，它说："最好还是别动我了，还是把我留在这儿吧！我怕坐车，都怕死了。生活中最不幸的事，就是颠簸。颠啊，颠啊，就把我颠成一锅粥了。"

名师讲堂

运用拟人化的口吻表现出了醋栗的特征，生动形象。

餐厅里乱了

在"五月一号"农场的池塘里，有几根小木桩支棱在水上。这是一块标牌，上面写着"鱼的餐厅"。在每一个这样的水下餐厅里，都放着一张大桌子。不过，餐厅里可没配椅子。

每天早晨，木桩周围的水都会沸腾：鱼儿们焦急地等待着早饭。它们的纪律性很不好：**你推我搡**（形容人群混乱），乱作一团。

七点的时候，厨师——农场的职工坐着小船来到餐厅。他们送饭来了，有土豆、用杂草种子做的团

名师讲堂

设置悬念，目的在于引起读者的阅读兴趣。

子、晒干的小金虫和其他许许多多好吃的。

在这个时间段,餐厅里的鱼实在是不少,每个餐厅里至少有四百条鱼呢!

一个少年自然科学家的讲述

名师讲堂
通过对比,凸显出今年夏天的特别。

我们的村庄就坐落在一片小橡树林旁边。杜鹃很少飞来这里,最多来一两次,叫了几声之后,就说拜拜了! 今年夏天,我却常常听见杜鹃的叫声。这会儿,人们把一大群牲口赶到树林里。午饭的时候,牧童跑了回来,惊慌地大叫:"牛疯了,牛疯了!"

名师讲堂
动作描写,详细描述了母牛发疯的情形。

我们大家赶紧跑到树林里,天哪! 好家伙! 那儿的情形糟透了,太可怕了! 母牛到处乱跑,用尾巴使劲抽打自己的背,疯了似的向树上撞,再撞一会儿,估计会把脑袋撞碎了! 或者,它们想把我们踩死呢!

得赶紧把牛赶到别的地方去。这到底是怎么一回事呢!

名师讲堂
介绍了毛毛虫的外形和它们对树木的危害。

原来是毛毛虫惹的祸。这种褐色的家伙,浑身毛茸茸的,像个小野兽一样,爬满了整棵橡树,把树枝啃得光秃秃的,树叶都被它们吃光了。它们身上的毛被风一吹,就脱落下来,迷了牛的眼睛。牛痛得发疯,就出现了刚才那可怕的场面。

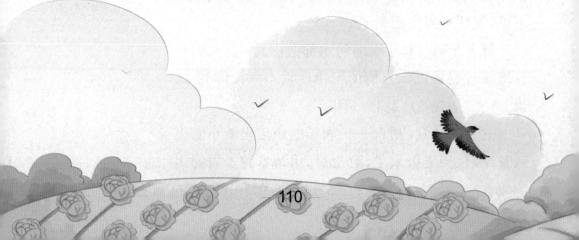

杜鹃来了,杜鹃来了!这辈子,我从来没有看到过这么多杜鹃!除了它们之外,金色带黑条纹的美丽的黄鹂和翅膀上有淡蓝色条纹的樱桃红松鸦也来了,它们从四面八方聚集到小橡树林来了。

后来怎么样,你想象一下!当然是橡树都挺过来了:一周都不到,所有的毛毛虫都被消灭了。鸟儿真棒!是不是?要不然,我们这片小树林可就完了!那简直太可怕了。

名师讲堂

本段的开头连用两个"杜鹃来了",强烈表达了作者看到杜鹃来后的兴奋、喜悦之情。

猎事记

既不猎鸟,也不猎兽!

夏天打猎,既不为猎鸟,也不为猎兽,甚至都不能叫做打猎,叫做战争还合适一些。夏天,人类有很多敌人。比方说,如果你弄了一块菜园,你需要种上蔬菜,再给它浇点儿水。可是,你能保证这些蔬菜不被它的敌人伤害吗?

现在,已经很少把稻草人插在竹竿上立在那儿了。稻草人能够帮助

名师讲堂

使用反问句,表面看来是疑问的形式,但实际上表达的是肯定的意思。

111

人赶走麻雀和一些鸟儿，可是，效果也不是那么好。

菜园里有这样一些敌人，它们不仅不怕稻草人，就是真人带着枪来了，它们都不害怕。木棒打不着，开枪也射击不到它们。

对待它们只能用点儿花招，而且要时刻擦亮眼睛。它们虽然个头不大，可是难对付着呢。

会跳的敌人

蔬菜上出现了一种黑色的小甲虫，它的脊背上长着两道白条纹。它们像跳蚤一样在蔬菜的菜叶上蹦呀蹦的，蔬菜可就遭殃了。

菜园里的跳蛱是一种很可怕的敌人。用不上两三天的工夫，它们就能把几公顷大的菜园子给毁掉。它们吃还没长好的青菜叶子，把叶子咬得全是小窟窿。于是，菜园就这样牺牲了！萝卜、芜菁、冬油菜和甘蓝最怕这种跳蛱。

歼灭跳蛱

要这样同跳蛱作战：首先，要准备一根系有小旗子的长矛，除了旗子的下边界（约7厘米宽），其余地方都要涂上厚厚的一层胶水。

去菜园里的时候，就要拿着这种武器，在垄沟之间往返走，挥动手中的小旗子，只让没涂胶水的边儿碰到蔬菜。这样，只要跳蛱向上一蹦，就被粘住了。这时，你也不要以为自己就是胜利者了。菜园还是会继续遭到敌人的大批生力军进攻。

应该一大早儿就起来，那时候草上还有露水呢！用一面小筛子，把炉灰、烟灰或熟石灰撒在菜叶上。

现在,在科学高速发展的今天,人们已经开始利用一些现代化的药剂了。这些药剂能够除去害虫,对于菜园来说,却没有危害。

会飞的敌人

相比之下,蛾蝶比跳蚜还要可怕。它们把卵产在菜叶上,卵又变成青虫。菜叶和菜茎会被它们啃食。

最危险的蛾蝶:白天出来作恶的有白菜粉蝶(这种蝶很大,翅膀上长有黑色的斑点)、萝卜粉蝶(颜色是一样的,只是个头儿小了点)。夜里出来行凶的有甘蓝螟(身子小,翅膀下垂,身子的前半部是黄色的)、甘蓝夜蛾(棕灰色的蛾子,浑身毛茸茸的)、菜蛾(浅灰色的小蛾子,样子很像织网夜蛾)。

同它们的战争是肉搏战:找到它们的卵,用手直接捏碎就行了。另外一种方法同跳蚜作战时一样,往菜叶上撒东西。

还有一种敌人更可怕,它们直接向人类进攻。
这种敌人,就是蚊子。

在静止的水中,有许多毛茸茸的小软体虫游来游去。你还能发现一些看不太清楚的小蛹,它们的大头和身子一点儿都不对称,头上还长着小角。

这就是蚊子的幼虫和蚊子的蛹。这儿的沼泽里有许多蚊子卵:有些粘在一起,漂浮着;另一些卵就附着在沼泽地里的小草上。

两种蚊子

有两种蚊子:第一种蚊子,咬人一口,只是开始有点儿痛痒,起个红疙瘩,这是普通的蚊子,没有什么危

名师讲堂
运用对比,更加突出了蛾蝶对菜园的危害之大。

名师讲堂
向读者们介绍了几种在夜里行凶的蛾蝶。

名师讲堂
过渡句,引出下文。

险。如果被另外一种蚊子咬了一口，人就会得"沼泽热"，科学家们管这种病叫疟疾。这种病一会儿让人冷得要死，一会儿又让人热得要死。得了这种病，一般刚好个一两天，就又发作了。这种蚊子叫疟蚊。从外表看，这两种蚊子样子很像，不同的是雌疟蚊的吸吻旁边还有一对触须。疟蚊的吸吻里带着有毒的病菌。当疟蚊咬人的时候，病菌就会进入人的血液，破坏血液的成分。这样，人就会生起病来。

名师讲堂

介绍了两种蚊子的不同在于雌疟蚊的吸吻旁有触须。

科学家用肉眼什么也看不出来。于是，他们就利用高倍显微镜，仔细研究了蚊子的血液，终于明白了这个道理。

名师讲堂

科学家们用高倍显微镜发现了蚊子传播疾病的原理。

消灭蚊子

只用手是不能消灭所有蚊子的。

当蚊子的幼虫还在水里的时候，科学家就已经开始和它们斗争了。

名师讲堂

运用设问，引起读者注意，启发读者思考。

请你把沼泽里带有蚊子幼虫的水舀一点儿出来，装到瓶子里，再向里面滴一滴煤油，看看会发生什么？煤油会像植物油一样扩散开来。这时候，蚊子的幼虫开始像蛇一样摆动身子，长着大脑袋的蛹一会儿沉到瓶底，一会儿又奋力（竭尽全力）浮上来。幼虫用尾巴，蛹用小角，它们都试图穿破那层油膜。

煤油把水面都封了起来，没留下一点儿小孔，蚊子幼虫根本无法呼吸。最后，它们都闷死了。人就是这样同它们作战的。当然，还有许多别的方法也可以消灭蚊子。

在沼泽地里，人们经常被蚊子骚扰，严重地影响正常生活。于是，人们就往死水坑里倒煤油。

这样可以看出，要想让那个水坑里的蚊子断子绝孙，只要一个月往死水坑里倒一次煤油就可以了。

稀罕事儿

我们这里发生了一件不寻常的事儿。一个牧童从森林空地那边跑了回来，大声喊着："野兽把小牛给咬死啦！"

挤奶女工们一下子就哭了起来。这头小牛是我们这儿最好的小牛，它还在展览会上得过奖章呢。大家把手边的活儿一扔，立刻就往森林空地跑。森

名师讲堂

解释说明了用煤油来消灭蚊子幼虫的原理。

名师讲堂

在文末点明用煤油消灭蚊子幼虫是行之有效的方法。

名师讲堂

通过挤奶女工们的行为，可以看出她们对小牛有着非常深厚的感情。

林空地——我们这儿的人管它叫牧场——放养牲口的地方。在牧场的角落里，那头被咬死的小牛平躺着。它的乳房被咬掉了，脖子后边也给咬破了，其余地方倒没有什么伤口。

"是熊干的。"猎人谢尔盖说，"熊总是等肉变臭了再过来吃，所以咬死后就先扔掉。"

"肯定是这样！"猎人安德烈点着头说，"是毫无疑问的。"

"大伙儿散了吧！"谢尔盖说，"我们在这棵树上搭一个棚子，熊要是今天晚上不来，明天夜里肯定会出现的。"

这时，人们想到了我们的第三个猎人——塞苏伊奇。他是一个小个子猎人，人们不会一下子在人群里看见他。

"和我们在这儿守着，好不好？"谢尔盖和安德烈问他。

塞苏伊奇不说话，转身走到另一边，**仔仔细细**（指人处事认真细心，丝毫不马虎）地观察地面。

"不对，"他说，"熊是不会来这里的。"

谢尔盖和安德烈耸了耸肩膀。

"随你怎么说。"

人们都走了，塞苏伊奇也走了。谢尔盖和安德烈两人砍了一些木条，在附近的松树上搭了一个棚子。

过了一会儿，塞苏伊奇又返回来了。这次，他带着手枪，还有自己的小猎狗——小霞。

他又在死牛的四周来回回地看，不知道为什么，就连周围的那些树他也仔细查看了。

之后，他就出发去森林了。

名师讲堂

语言描写，两名猎人根据经验判断出咬死小牛的是熊，为下文埋下伏笔。

名师讲堂

动作描写，凸显出了塞苏伊奇的认真和细致。

名师讲堂

动作描写，暗指塞苏伊奇并不认同谢尔盖和安德烈所说的话。

当天晚上，谢尔盖和安德烈一直躲在棚子里守候着。

一晚上过去了，野兽没来。

第二晚也过去了，还是没来。

第三晚……还是没来！

两个人一点儿耐心都没有了，就商量着说：

"可能塞苏伊奇注意到了一些细节的东西，而我们没注意到。你看，他说对了——熊真的不过来呀！"

"我们去问他好不好！"

"问那只熊吗？"

"什么话？干吗问熊呀？问塞苏伊奇。"

"没办法，只好去找他了。"

于是，他们就去找塞苏伊奇，塞苏伊奇刚刚从森林里出来。一个大袋子放在角落里，塞苏伊奇正在擦枪呢！

"是这样，"谢尔盖和安德烈说："你真说对了，熊确实没来。到底是什么原因呢？告诉我们吧！"

"你们听说过这事儿吗？熊把小牛咬死，却只啃乳房，而把牛肉扔下不管？"塞苏伊奇反问道。

两个猎人你看看我，我看看你。熊的确是不干这事的。

"地上的脚印，你们看到了吗？"塞苏伊奇继续问。

"看倒是看到了。脚印很宽，有二十五厘米。"

"脚爪印大吗？"

两个猎人一下子窘住了。

"脚爪印倒是没有看到。"

"是啊！要是熊脚印，一眼就可以看到。现在倒要请教你们，什么野兽会缩着爪子走路啊？"

"狼！"谢尔盖胡诌着。

塞苏伊奇哼了一声："你可真有经验啊！"

"别瞎扯了！"安德烈说，"狼的脚印和狗的差不多，只是大一点儿、长一点儿而已。那是猞猁——只有猞猁走路的时候才缩起爪子，它的脚印才是圆圆的。"

"对喽！"塞苏伊奇说，"就是猞猁把这头小牛咬死的。"

"开什么玩笑啊？"

"不信？你看看我包里的东西。"

谢尔盖和安德烈急忙跑到袋子前，解开绳子，映入眼帘的是一张红褐色有斑点的大猞猁皮。

这么说，就是它把我们的小牛咬死了！至于塞苏伊奇是怎样到森林里追上了猞猁，又是怎样把它打死的，这只有他自己和他的猎狗小霞清楚。他们虽然很清楚，可是他们什么也没说，也没有向任何人讲述过。

这种事儿是很少见的，猞猁竟然会攻击小牛。可在我们这儿，还真的就发生了。

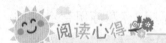
阅读心得

燕子的巢虽然不是世界上最美丽的杰作，但它是智慧和毅力的结晶。我们在学习时，也要像燕子筑巢一样，踏踏实实，不急不躁，才能学好扎实的本领。

阅读提示

　　转眼间，又到了收获的季节，人们忙着在田里收割麦子和亚麻，同时也在为秋播做着准备；土豆成熟了，肥美的蘑菇从地里冒了出来；可爱的小鸟们纷纷钻出了蛋壳……

小鸟出世月

农场新闻

　　又到了收割庄稼的季节了。黑麦田和小麦田就跟无边无际的海洋似的。麦穗又高、又壮、又密，根根颗粒饱满。很快这些麦粒就会像一股股金黄色的麦浪，流进粮仓。

　　亚麻也可以收割了。集体农庄的人们正忙着在田里用拔麻机拔麻，真是快极了！女庄员们跟在拔麻机后面，把倒下的亚麻一束束捆起来，再堆成垛，十捆一垛。不久后，亚麻田里就好像站满了一行行的士兵似的。

　　山鹬全家只好从秋播的黑麦田里搬到春播的田里去了。

　　黑麦也可以收割了。在割麦机的钢锯下，肥硕、结实的麦穗一束束**倒伏**（倾斜或歪倒在地。尤用以指草或谷物）在地。人们把麦子一束束捆起来，再堆成垛。田里的麦垛就像运动会上要接受检阅的运动员们似的。

　　菜园子里的胡萝卜、甜菜和别的蔬菜也都成熟

名师讲堂

向读者们介绍了菜园里蔬菜的去处。

了。人们把蔬菜送到火车站,火车把它们带到城里。城里的人们这段日子可以吃到新鲜可口的黄瓜,喝到甜菜做的红菜汤,也能吃到胡萝卜馅饼了。

孩子们去林子里采蘑菇、熟了的树莓和越橘果。这段日子里,哪里有榛子林,哪里就有一群小孩,谁也赶不走他们。他们的口袋都装得满满的。

名师讲堂

行为描写,体现了大人们在秋播时的忙碌。

大人们这时候可没时间采榛子,他们还得割麦、打麻呢!要用速耕小犁耪一遍地,再耙好,就要开始种秋播作物了。

森林的朋友

卫国战争期间,这里有许多森林被毁掉了。此时各处林区都在努力设法重造森林,这项工作得到了很多中学生的帮助。

名师讲堂

表现出孩子们在造林和保护森林方面起到了巨大的作用。

要找到好几百千克的松子,才能重造新的松林。孩子们三年以来收集了七吨半松子。他们还帮忙整地、照料小树苗、守卫森林、预防林火。

《森林报》通讯员　查洛夫

谁都有活儿干

天刚蒙蒙亮的时候,人们就都下地干活去了。大人走到哪儿,孩子们就跟到哪儿。刈草场里、农田里、菜园里,到处有孩子们劳作的身影。

看，孩子们扛着耙子迎面走来。他们**麻利**（指迅速敏捷，快速干练）地把干草耙成一堆，然后放进大车里，把这些送到集体农庄的干草棚里。

孩子们还得去拔杂草，亚麻田和土豆田里杂草很多，比如香蒲、滨藜和木贼。

到了拔亚麻的时节，孩子们的身影比拔麻机还早地出现在亚麻地里。

他们将亚麻地四个角上的亚麻拔掉，这样拖着拔麻机的拖拉机在转弯的时候就会更方便。

孩子们在黑麦田里也找到活儿干了。大人们收割完麦子后，孩子们就把掉在地上的麦穗耙成堆儿。

农事记

红星集体农庄的田里有消息传来："现在这里一切顺利，谷粒也成熟了。不久后，我们就要开始播种了。今后，你们可以不用再为我们操心了，甚至也不用再来田里看望了。此时没有你们，我们也能过下去了！"

我们村子里的大人笑了笑，说道："那怎么行！

名师讲堂

以农作物的口吻向人们转述了农田里作物的生长状况，读来新奇有趣。

怎么可能不去田里看望！这会儿正是最忙的时候啊！"

拖拉机拖着联合收割机去田里了。联合收割机能干很多活儿：收割、脱粒、簸分——它全都包了。当联合收割机进麦田时，黑麦长得比人都高，可当它开过麦潮的时候，就只剩下一些矮矮的残株了。联合收割机给人们的是纯粹的麦粒。人们将麦粒晒干，装进麻袋运到政府那里。

变黄了的土豆地

本报通讯员曾去访问了红旗集体农庄的人们，在那里他注意到这里有两块土豆地。一块略大一些，是深绿色的；一块比较小，已经变黄了，土豆茎叶已经枯黄了，好像快要死了似的。

我们的通讯员决定弄明白这件事，后来他寄来这样的报道："昨天，有一只公鸡跑到变黄了的土豆地里。它把那里的土刨松，又唤来很多母鸡，请它们一起吃新鲜的土豆。有一位女庄员路过，看见这场景，笑了起来，就告诉她的女伴：'这回可不错啊！公鸡第一个来收我们地里早熟的土豆了，大概它能想

到我们明天就要收早熟的土豆了吧！'由此可知，茎叶已经变黄了的土豆，是早熟的土豆。因为它成熟了，所以茎叶才变黄了。那块面积略大的深绿色田里，长着晚熟的土豆。"

名师讲堂

解释说明了土豆叶变黄的原因。

林中快报

林子里长出了第一朵白蘑菇，长得又结实又**肥硕**（指又大又饱满；大而肥胖）呢！

白蘑菇帽子上有个小坑，还沾着许多松针。这白蘑菇四周的土都是鼓起来的。挖开这块土，就能找到许多大大小小的白蘑菇！

名师讲堂

向读者们介绍了白蘑菇的外形特征。

猎事记

这会儿幼鸟还不成熟，还没学会飞行，猎人们怎么能打猎呢？更何况不能打小鸟小兽。法律上，禁止在这段时期猎捕飞禽走兽。

不过，即便是在夏天，法律上也是允许打那些专吃林中小动物的猛禽以及危害人的野兽的。

名师讲堂

点明了法律对森林里飞禽走兽的保护。

黑夜的恐怖

你在夏天的晚上去外面走走，就会听到从林子里传来的一阵阵很吓人的声音，忽然冒出几声"嚯曜嚯"，忽然冒出几声"哈哈哈"，简直吓得人后背上的汗毛都会竖起来呢！

有时候，不知道是谁会在一片黑暗里闷声闷气地从顶楼式屋顶上大叫，发出"呜呜呜"的声音，仿佛在说："快走！快走！就要大祸临头了……"

在这个节骨眼儿上，在黑漆漆的半空中，有两盏圆溜溜的绿灯亮了起来——是一双凶恶的眼睛。接着，你身边会闪过一个无声无息的阴影，几乎擦到你的脸。这怎能不令人感到害怕呢？

就是出于这种恐惧心理，人们才讨厌各种各样的猫头鹰。林子里的猫头鹰夜夜狂笑，那笑声尖锐刺耳，而栖息在屋顶上的纵纹腹小鸮，用一种不祥的声音，不停对人们说："快走！快走！"

就算是大白天，若是一个黑漆漆的树洞里，猛地探出一个脑袋，瞪着一双黄澄澄的圆眼睛，张着钩子似的尖嘴巴，发出吧嗒吧嗒的很响亮的声音，也很容易把人吓一大跳呢！

如果在深更半夜，家禽中间有一阵骚动，鸡啊，鸭啊，鹅啊，一齐乱叫，发出"咯咯咯、呷呷呷、嘎嘎嘎"的声音，到第二天一早，那家主人发现少了几只家禽，那他一定会怪猫头鹰或褐色鸮的。

白日打劫

不单单是在夜晚，即便是大白天，人们也被猛禽闹得不得安宁。

老母鸡一不留神，它的一个孩子就会被鸢鹰抓走。

一只公鸡刚跳到篱笆上，就被鹞鹰一把抓走了！

一只鸽子刚从屋顶起飞，就有一只不知从哪儿飞来的游隼来袭击（乘其不备，偷偷地进攻）它。游隼冲进鸽群捞了一爪子，只见鸽子的绒毛四散而去，它抓住那只死鸽子，一下子就飞得没影了。

万一猛禽被人们碰上，那些恨极了猛禽的人，才不会去仔细区分哪只是好鸟，哪只是坏鸟呢——只要他们一看见长着钩形的嘴和长长的爪子的猛禽，当即就会把它打死。但非要认真地消灭猛禽，将周围一带的猛禽都打死或是赶走，那到时候后悔可来不及了：田里的老鼠将大量繁殖，金花鼠会把庄稼都吃光，兔子会把菜园里的白菜都啃个干干净净。

名师讲堂

暗指一味捕杀猛禽会破坏整个生态系统，得不偿失。

不会算计的人们在经济上将会有很大的损失。

谁是朋友，谁是敌人

首先要认真学会辨别哪些对人类是有益的猛禽以及哪些是有害的猛禽，才能不把事情搞糟。那些伤害野鸟以及家禽的猛禽，是对人类有害的。而那些消灭老鼠、田鼠、金花鼠以及其他对我们有害的啮齿类动物和像蚱蜢、蝗虫这种害虫的猛禽，都是对人类有益的。

名师讲堂

开篇就点明主旨，简洁明了。

不管它们长得多么难看，它们都是益鸟。只有我们这儿的那种体型很大的鸮鸟——大角鸮和有着圆圆脑袋的大鸮鹰才是害鸟。不过，它们也常会捉啮齿类动物吃呢！

白天行动的猛禽里，最讨厌的是老鹰。我们这儿的老鹰有两种：体型硕大的游隼和体型很小的鹞鹰（比鸽子还要细长一点）。我们很容易区分老鹰和其他猛禽。老鹰是灰色的，胸脯上有杂色的条纹，脑

名师讲堂

向读者们介绍如何从外形上来区分老鹰和其他猛禽。

袋小小的,前额低低的,眼睛是淡黄色的,翅膀圆鼓鼓的,尾巴长长的。

老鹰非常**强悍**(强横勇猛。亦指强横勇猛的人)、凶恶。它们敢扑到个头儿比它们大的动物身上,甚至在吃饱的情况下,也会毫不犹豫地杀死其他鸟。

名师讲堂
列举事例,解释说明了老鹰的强悍和凶恶。

鸢的尾巴尖有分叉,根据它的这种特征,我们很容易就能认出它来。它比老鹰要弱得多。它不敢去扑大的飞禽走兽,只会四处张望,看哪儿能抓到一只笨头笨脑的小鸡,或是哪儿能吃到腐烂了的动物尸体。

大隼也是害鸟。它们尖尖的、弯弯的翅膀,就跟两柄镰刀似的。它们飞得比其他鸟都快,而且常会去猛扑那些正在高空中飞翔的鸟,这样就免得在失手扑了个空的时候,猛地撞到地上,把胸脯撞破了。

名师讲堂
向读者们介绍了大隼捕食猎物的特点。

最好不要惊动那些小隼鹰——有些小隼鹰对人类还是非常有益的。

比如红隼,这种猛禽有个外号叫做"疟子鬼儿"。我们常能看到这种红褐色的猛禽飞翔在田野的上空。它在半空中悬着,好像身上绑着一根从云堆上垂下来的看不见的线似的。它总是抖动着翅膀(所以它的外号叫"疟子鬼儿"),搜寻着草丛中的老鼠、蚱蜢和蚯蚓。

名师讲堂
着重表现出了红隼在空中的稳定性。

雕对我们是害多利少的。

阅读心得

这一章讲述了集体农庄里收获庄稼的情景,告诉我们"种瓜得瓜,种豆得豆"的道理,只有平时辛勤耕耘,才会有收获时的累累硕果。

阅读提示

　　鸟儿们带着自己的孩子在森林里过起了"游牧生活";各个集体农庄将收获的粮食上交给国家,一辆辆大车上满载着收获的粮食;果园里的苹果、梨和李子都熟了;林子里长出很多蘑菇……

结队飞翔月

森林中的大事记

一只山羊把一片树林都吃光了

　　这不是开玩笑,有一只山羊真的把一片树林都吃光了。

　　这只山羊是护林人买的。他把它带到林子里,拴在草地上的一根树桩上。到了半夜,山羊挣断绳子,逃走了。

　　周围全是树。它能去哪儿呢?幸亏那一带附近没有狼。

　　护林人找了它三天,还是没有找到。到了第四天,山羊自己回来了,还"咩咩咩"地叫着,好像在打招呼:"你好啊!我回来了!"

　　可是晚上,邻近的一个护林人**慌慌张张**(形容举止慌张,不稳重)地找来了。原来这只山羊把他那边所有的树苗都啃了——它把整个树林都吃光了!

　　树木还小的时候,没有保护自己的能力。随便什么牲口,都能欺负它们,把它们拔出来,然后吃掉。

　　山羊最喜欢吃细小的松树苗。它们长得很漂

名师讲堂

　　首句设置悬念,引起读者的阅读兴趣。

名师讲堂

　　运用反问来增强语气,表现出了护林人内心的焦急。

名师讲堂

　　这只山羊闯下了大祸,它吃光了所有的树苗。

亮,就像一棵棵小棕榈——一根纤细的红色树干上面是像一把把张开的扇子似的软软的绿针叶,大概对山羊来说的确是美食吧!

山羊当然不敢靠近大松树,大松树的松针会把羊戳得**头破血流**(头打破了,血流满面。多用来形容惨败)的!

《森林报》通讯员　维利卡

草莓

森林边缘生长的草莓红了。鸟看到红色的草莓果,就叼走了。草莓的种子会被它们播散到很远的地方去。不过,有一部分草莓的后代,仍会留在原地,和母株并排长在一起。

看,在这株草莓旁,已经长出了匍匐在地上的细茎——草莓的藤蔓。藤蔓梢儿上是一棵幼小的新植株,才长出一簇复叶以及根的胚芽。这里还有一株,在同一根藤蔓上,有三簇复叶。第一棵小植株已然扎根了,另一棵的梢头还没发育好。藤蔓从母株向各处爬去。想要找到带着去年子女的老植株,就得在野草稀疏的地方找。比如说这棵吧:中间是母本植株,它的小孩子则环绕在它的周围,一共有三圈。每一圈平均有五棵。草莓就这样一圈紧挨着一圈地四处扩展,不断扩大自己的地盘。

尼娜·巴甫洛娃

农事记

我们这儿各个集体农庄的庄稼都快要收割完了,最忙的时候到了。我们将收获的第一批最好的粮食交给国家。各集体农庄都先将自己的劳动果实上交国家。

大家收割完黑麦,就收割小麦;收割完小麦,就收割大麦;收割完大麦,就收割燕麦;收割完燕麦,就该轮到收割荞麦了。

各集体农庄到火车站的路上都很热闹,一辆辆大车上都满载着新收获的粮食。

拖拉机总在田里轰鸣着:秋播作物已播完,此时正在翻耕土地,准备来年的春播。

夏季的浆果已经过季了,不过果园里的苹果、梨和李子都熟了。林子里也长出了很多蘑菇。在铺满青苔的沼泽地上，越橘也红了。农村里的孩子们在用棍子打落一串串沉甸甸的花楸果。

灰山鹑一家老少可遭殃了：它们刚从秋播庄稼地搬到春播庄稼地不久，现在又得从这块春播庄稼地转移到另一块春播庄稼地里。

灰山鹑全家躲进了土豆地，那里没有谁会去惊动它们。

不过，此时人们又来挖土豆了。土豆收割机一发动，孩子们将篝火燃起，在地里搭起锅灶，就在那儿烤土豆吃了。每个孩子的小脸儿都抹得脏兮兮的，活像一群黑小鬼，看着可吓人了！

灰山鹑离开了土豆地。它们的幼鸟终于长大了。现在允许猎人打灰山鹑了。

得找个藏身、觅食的地方啊！可是去哪儿找？各处的庄稼都收割了。不过，这时候秋播地的黑麦已经长得非常高了。这下有地方打食了，也有地方躲避猎人敏锐的眼神了。

"神眼人"的报告

8月26日，我赶着一辆马车向外运送干草。走着走着，我就看到有一只大猫头鹰在一堆枯树枝上歇着，两只眼睛紧盯着枯树枝堆。我觉得这事很奇怪，猫头鹰为什么离我这么近，它怎么不飞走呢？我停下马车，下去走了几步，捡起一根树枝，扔向猫头鹰。猫头鹰吓得飞走了。它刚一飞走，就有几十只小鸟从枯树枝堆底下飞出来。原来它们藏在那里，就躲过了它们的敌人——猫头鹰。

农场新闻

迷惑战术

在只剩下像鬃毛一样的麦秆的田地里，杂草隐藏了起来，杂草可是田地的敌人呀！它的种子落到地上。它们在等着春天的来临。春天一到，人们翻耕完土地，就种上土豆，那时杂草就会翻身，开始阻碍土豆的生长。

人们决定使个小计，**迷惑**（分不清是非；弄不明白；使迷惑）一下杂草。他们把松土的粗耕机开到田里。粗耕机将杂草种子翻到了土里，将杂草根茎切成一段一段的。

杂草还以为春天来了呢，因为那时天气暖和，土又松又软的。于是它们就生长起来了。草种发芽了，一段段根茎也发芽了，田里一片绿意盎然。

这可把人们乐坏了！等杂草长出来后，到秋末人们就把地再翻耕一遍，把杂草翻个底朝天。这样等到冬天它们就会被冻死的。杂草啊！你们休想欺负土豆！

一场虚惊

林中的鸟兽们都惊慌失措的：森林边上来了一批人，他们在地上铺了很多干枯的树枝。这也许是一种新式的捕鸟捕兽器啊！林中动物们的末日来了！

其实这是一场虚惊——原来这批人并没有恶意。他们是集体农庄庄员。他们在铺亚麻，铺成薄薄的一层，整齐的一行又一行，亚麻留在这里慢慢地经受雨水和露水的浸润。经过这样的浸润后，想取亚麻茎里的纤维就很容易了。

名师讲堂

描述了杂草在春天对马铃薯发育的危害。

名师讲堂

详细地介绍了人们"迷惑"杂草的具体做法。

名师讲堂

生动形象地表达出了人们对杂草的厌恶之情。

名师讲堂

解释说明了农庄庄员们铺亚麻的目的。

瞧这兴旺的家庭

五一集体农庄的母猪杜什加生了二十六只小猪。我在二月里才祝贺过它呢，那会儿它生了十二只小猪。好一个兴旺的家庭！孩子太多了！

帽子的样式

在林中空地上以及道路两侧，有棕红色蘑菇和油蕈探出头来。松林里的棕红色蘑菇是最好看的——火红火红的，矮矮胖胖又结结实实，帽儿上带着一圈一圈的花纹。

孩子们都说，棕红色蘑菇菌帽的样式是从人那儿学去的——它们的菌帽真的很像草帽。

油蕈倒是不一样。它们的菌帽跟人的帽子不太像。别说男人了，就是年纪轻轻的姑娘，为了赶时髦也不会戴这种帽子的。油蕈的帽儿黏黏的，实在无法让人产生好感啊！

一无所获

一群蜻蜓飞到曙光集体农庄的养蜂场里捉蜜蜂。蜻蜓有点败兴：奇怪啊，养蜂场里怎么会没有蜜蜂啊？蜻蜓们可不知道，原来在七月中旬以后，蜜蜂就搬到林中盛开的帚石南花丛里了。

等到帚石南花谢了，它们在那儿酿好黄澄澄的帚石南蜂蜜后，就会搬回来了。

尼娜·巴南洛娃

名师讲堂

以拟人化的口吻写出了蜻蜓们的疑惑，表达出它们的失望之情。

公愤

黄瓜田里群情激愤，黄瓜们在抱怨着："为什么庄员们三天两头就来咱们这儿一趟，把咱们的嫩黄瓜都摘走了？让它们安安稳稳地成熟，该多好！"可是人们只留下一小部分黄瓜当种子，其余的黄瓜都是在最嫩的时候被摘走的。未成熟的小黄瓜嫩而多汁，非常好吃。成熟的黄瓜就不能吃了。

名师讲堂

以拟人化的口吻写出了黄瓜们的抱怨，语言风趣幽默。

猎事记

带猎犬出门打猎

八月的一个早晨，我和塞苏伊奇结伴去打猎。我的两条西班牙短尾猎犬——吉姆和鲍依——兴奋地叫着，直

名师讲堂

动作描写,凸显出拉达对主人的喜爱。

往我身上跳。塞苏伊奇有一条很漂亮的长毛大猎犬叫拉达,它将两只前脚搭在自己那矮小主人的肩膀上,舔了一下主人的脸。

"去,你这个淘气鬼!"塞苏伊奇用袖子擦了擦被狗舔过的地方,假装生气地说着。

这时,三条猎犬已经离开我们,去刚割过草的草场上飞奔了。漂亮的拉达迈着矫健的大步子狂奔着,只见它那黑白相间的身影在碧绿的灌木丛中**忽隐忽现**(时而消失时而出现)。我的那两条短腿猎犬,像是受了委屈似的汪汪地叫着,拼命想追赶拉达,可就是追不上。让它们尽情撒欢吧!

名师讲堂

"我"的猎犬追不上拉达,衬托出拉达奔跑的速度之快。

我们来到一簇灌木林旁。我吹了个口哨,唤回了吉姆和鲍依,它俩在我身旁走过来走过去的,嗅着一棵棵灌木和一个个长满青苔的草墩子。拉达则在我们前面往来穿梭着,一会儿从我们左边闪过,一会儿又从我们右边蹿过去。拉达跑着跑着,突然间站住不动了。

名师讲堂

奔跑中的拉达突然停了下来,设置疑问,引起读者的阅读兴趣。

它好像撞到一道看不见的铁丝网,僵在那儿一动不动,保持着刚才狂奔时的那个姿势:头微微向左歪,脊背有弹性地弯着,左前爪抬起,尾巴伸得笔直笔直的,像根大羽毛似的。不是撞到了什么铁丝网,而是一股野禽特有的气味让它止住了奔跑。

"您打吧!"塞苏伊奇建议我。

名师讲堂

解答疑问,原来是拉达发现了野禽。

我摇了摇头,把我的两条狗叫了回来,让它们躺在我脚边,免得它们添乱,把拉达发现的猎物给赶跑了。塞苏伊奇不慌不忙地走到拉达跟前站住,把猎枪从他肩上拿下来,扣上了扳机。他并没有忙着指挥拉达往前跑。他大概也和我一样,也爱欣赏猎犬指示猎物时的那个动人的画面,那个努力克制着自己的满腔激情和兴奋的优美姿势吧!

"前进!"塞苏伊奇终于下达了命令。

拉达却一动也不动。

我知道有一窠琴鸡藏在灌木丛里。塞苏伊奇又命令狗前进,拉达刚前进了一步,"噗噗噗"一阵响,有几只棕红色的大鸟从灌木丛里飞了出来。

"前进,拉达!"塞苏伊奇又重复了一遍命令,一面端起了枪。

拉达快速往前跑,绕了半圈,又站住不动了,这次是停在另一簇灌木丛旁。那里能有什么呢?

塞苏伊奇又上前去,吩咐它道:"往前走!"拉达钻进灌木丛,然后绕着跑了一圈。

在灌木丛后面,悄悄飞出一只棕红色的鸟儿,个头不太大。它**有气无力**(有气息而没有力气。形容精神不振、无精打采的样子)地、笨拙地挥动着翅膀。两条长长的腿好像受了伤似的,拖在身后。塞苏伊奇把猎枪放下,气冲冲地唤回拉达。原来那是一只长腿秧鸡。

这种生活在草地上的野禽,在春天的牧场上会发出刺耳的尖叫声,那时猎人倒还爱听这种声音;可是在狩猎的季节里,猎人们可就讨厌它了:它们在草丛里乱钻,让猎犬们没法指示方向——猎犬一闻到它的气味,刚把姿势摆好,它却偷偷地溜走了,让猎犬白费力气。

不久后,我就和塞苏伊奇分头行动了,我们约好

拉达为什么不听从主人的命令呢?设置悬念。

几只大鸟从灌木丛里飞出,解答了上文的疑问。

形象地描写出了这只鸟儿有气无力的状态。

解释说明了猎人讨厌长腿秧鸡的原因。

在林中的小湖边见面。我沿着一条狭窄的溪谷走着，满眼葱茏，溪谷两侧是杂木丛生的高岗。咖啡色的吉姆与它的儿子——黑、白、棕三色相间的鲍依，跑在我的前面。我得时刻准备着放枪，眼睛总得盯住它们俩，因为这种猎犬不会做伺服动作，它们随时可能惊动野禽。它们穿梭在每一丛灌木里，一会儿隐没在茂密的草丛里，一会儿又出来。它们那半截尾巴，一刻不停地摇着，像螺旋桨似的。

是的，不能让这种猎犬有一根长尾巴：如果它的尾巴很长，那么当尾巴打在青草或是灌木上时，那该有多大的动静啊！而且它们的长尾巴不被灌木丛磨破皮才怪呢！因此，当这种猎犬的幼崽出世三周时，它们的尾巴就会被剁掉，以后也不会再长了。留下的短短的半截尾巴，刚好一把就可以抓住。这截尾巴是以防万一它掉进沼泽地里，人们就可以抓住它的半截尾巴，拖它出来。我**目不转睛**（眼珠子一动不动地盯着看。形容注意力集中）地瞅着这两条猎犬，自己也弄不明白，怎么这种时候还能同时看见周围的一切美好景色，发现无数美妙的新奇事物。

我看到——太阳已经爬上树梢，青草和绿叶间闪着万道金光；我看到——草丛和灌木上的蜘蛛网闪着银光；我看到——松树树干曲折盘旋，好像一把巨椅——只有童话中的森林之魔才配坐的椅子。可是，森林之魔在哪里呢？那把"座椅"上倒是积起了一汪水，有几只蝴蝶在周圈翩翩起舞。

名师讲堂

运用比喻的修辞手法，将松树树干的形态描绘得形象生动。

两条猎犬过去喝水，我的喉咙也干了。我脚边的一片有卷边的阔叶草叶上，滚动着一颗晶莹的露珠，就像一颗**价值连城**（形容物品十分贵重）的钻石。

名师讲堂

运用比喻的修辞手法，写出了露珠晶莹剔透的样子。

我小心翼翼地弯下腰——可别碰到露珠呀！我轻轻摘下这片叶子，连同这一颗露珠——世上最纯净的一滴水。这滴水精心地吸收了朝阳的全部喜悦。

毛茸茸、湿漉漉的草叶一碰到我的嘴唇，清凉的露珠就滚到了我干燥的舌尖上。吉姆忽然狂吠起来："汪，汪，汪汪汪！"我当即丢下曾给我解渴的那片阔叶草叶，任它飘落在地上。吉姆汪汪地叫着，沿

137

着溪边跑。它的短尾巴甩得更快、更有力了。

我急急忙忙向溪边跑去，想赶到狗的前面。可已经来不及了：一只刚才一直没被我们发觉的鸟，此时轻轻扇动着翅膀，从一棵盘曲的赤杨树后面飞走了。它在赤杨树后径直往上飞呢——原来是一只野鸭。**我慌里慌张**(指焦急不安或精神慌乱)地来不及瞄准，举枪就放，霰弹穿过树叶，击中了野鸭。野鸭一头栽进溪水里。

这一切太突然了，简直就像我压根没开过枪似的，而是用魔法击中了它，我脑子里刚有了这个念头，野鸭就掉下来了。

吉姆已经游过去，把战利品衔上岸来了。吉姆顾不得先抖落自己身上的水，把野鸭紧紧地叼在嘴里（野鸭的长脖子一直耷拉到地上），送到我手里。

"谢谢你啊，老伙计！谢谢你啊，亲爱的！"我弯下身子，抚摸了一下吉姆。

可它却在这时抖起身上的水来，水星子溅了我一脸。

"嗨！这个没礼貌的家伙！躲开！"

吉姆这才跑了。

我仅用两根手指就把野鸭的嘴巴尖捏住了，拎起它来掂掂分量。好家伙！真够沉的！可是它的嘴巴挺结实，禁得起这么重，都没有折断。如此看来，这是一只成年野鸭，不是今年新孵出来的。

我的两条猎犬，又汪汪叫着往前跑了。我急忙把野鸭挂在子弹袋的背带上，紧追几步，一边跑，一边重新装上子弹。

名师讲堂

"我"在慌乱中开枪，没想到竟然打中了野鸭。

名师讲堂

语言、动作描写，表现了"我"对猎犬吉姆的感激之情。

名师讲堂

"我"根据经验判断出这只野鸭已经成年。

狭窄的溪谷从这里逐渐变得开阔起来，有一片沼泽直通高岗的斜坡脚下，只见无数个草墩和遍地的苔草。

吉姆和鲍依又钻进草丛。它们会在那儿有什么新发现吗？

此刻好像全世界都在这片小小的沼泽地里了。我身为猎人唯一的愿望，就是想快点看到两条猎犬在草丛里嗅到了什么，会有什么野禽飞出来呢？可别把它放跑啊！

我的两条短腿猎犬，隐没在茂盛的草丛里，不过它们的耳朵像大翅膀似的，在草丛里扑扇着，原来它们在做"搜索跳跃"——跳起身来，搜索附近的猎物。

只听见"噗"一声——活像把皮靴从沼泽地里往外拔时听到的那种声响——草墩子上飞出一只长嘴沙锥。它飞得低低的，快速地曲折前进着。

我瞄准它打了一枪，可它还在飞。

它在空中盘旋了好几圈，然后伸直双腿，落在我身旁的一个草墩子上。

它站在那儿，用长嘴巴支着地，好像一把剑垂在地上。

离我这么近，而且老老实实地待在那儿，我倒不太好意思打它了。

这时，吉姆和鲍依跑回我身边。它们又把长嘴沙锥撵起来了。我用左枪筒射击，还是没打中！

哎呀！真不像话！我打猎三十年，少说也打过几百只沙锥了，可是一见野禽飞起来，心里还是会发慌。这回又操之过急了。

唉，又有什么办法呢！现在我得找几只琴鸡了，要不塞苏伊奇看见我的猎物后，又该瞧不起我、笑话我了。城里人把沙锥当成珍稀野味儿，乡下人可不把它当回事儿——这么小的鸟，都不够塞牙缝的！

在高岗后面的什么地方，传来了塞苏伊奇的第三次枪响。估计到这会儿，他至少已经打到五千克的野味儿了。

我蹚过小溪，爬上陡坡。此处居高临下（占据高处，俯视下面。形容占据的地势非常有利），能看到西边很远的地方：那儿有一大片被砍伐过的林中空地，再过去一点就是燕麦田了。喏，那不是拉达一闪而过的身影吗！那不是塞苏伊奇吗！

啊！拉达站住了！

塞苏伊奇走过来了，瞧！他放枪了——"砰！砰！"连发两枪。

拉达过去捡猎物了。

我也不该闲着了。

我的两只猎犬钻进密林了。我有一个狩猎原则：如果我的猎犬钻进密林，我就顺着林间小路走去。

林中空地非常宽阔，如果你看到鸟儿飞过，尽管开枪吧。只要猎犬把鸟儿往这边撵就行了。

鲍依汪汪直叫，吉姆也跟着叫了起来。我急忙往前走。

我已经走到猎犬前边了。它们还在那儿磨蹭什么呢？一定是有琴鸡。我知道琴鸡总是自己飞到高处去，引得猎犬总跟着到处跑。

"嗒，嗒，嗒，嗒，嗒"果然有一只琴鸡冷不防飞出来了，它浑身乌黑，黑得就像一块焦炭。它沿着林间小路疾飞而去。

我端起双筒枪，紧随其后，双管齐发。

琴鸡却拐了个弯儿，消失在几棵高大的树木后面了。

难道我又没打中吗？不可能啊！我瞄得挺准的……我吹了个口哨，唤回我的两条狗，钻进林子里去找那只消失的琴鸡。我找了一会儿，两条猎犬也找了一阵，可都没找着。

唉！真让人恼火，今天真倒霉！可是对谁撒气呢——猎枪是地地道道的好枪，子弹是自己亲手装的。

我再试一试，也许去小湖边运气能好点。

我又回到了林间空地上。离空地大约半公里处就是一个小湖。此时我的情绪坏透了，两条猎犬也不知道跑哪儿去了，怎么唤也不回来。

去它们的吧！我一个人去。

可此时鲍依不知又从什么地方钻出来了。

"你跑到哪儿去了？你想干什么啊？你以为自己是猎人，我倒成了你的助手，只管替你放放枪，是吧？那好啊，你把枪拿走，你去放枪吧！怎么？你不会吗？喂！你为什么四脚朝天躺在地上啊？想道歉？想得美！往后你得听话呀！**总而言之**（总的说起来），你们这种短腿猎犬都是蠢东西。长毛大猎犬可不像你们那么笨，它们可会指示猎物啦。

"要是带上拉达打猎，一切就简单多了。我也能百发百中的。野禽在拉达跟前，就像是被绳子拴住了似的。那样的话，打中它能有什么困难呢？"

走过几棵大树后，前面就是银色的小湖了。我的心中又充满了新的希望。

湖岸边长满了芦苇。鲍依已经扑通一声跳进湖里，一边向前游着，一边把高高的绿色芦苇碰得**东倒西歪**（指步态不稳，身不由己。也形容物体倾斜不正）。

鲍依大叫了一声，一只野鸭从芦苇丛里飞了出来，"嘎嘎"地叫着。

野鸭刚飞到湖心上空，我就开了一枪打中了它。它的长脖子一歪，"啪嗒"一声掉进湖里，肚皮朝上地浮在水面上，两只红鸭掌在空中乱划。

鲍依向它游过去，正要张开嘴咬住它时，野鸭突然钻到水下，不见了。

鲍依被它弄得**莫名其妙**（说不出其中的奥妙。指事情很奇怪，说不出道理来）：这是跑到哪儿去了啦？鲍依在原地转啊转啊，可野鸭还是没有出现。

忽然，鲍依也一头钻进水里去了。这是怎么一回事儿？是被什么东西给绊住了？沉到湖底去了？这可怎么办？

野鸭浮出水面了，慢慢向湖岸游了过来。它游的姿势很特别：身子侧着，头浸在水里。

啊！原来鲍依衔着它呢！野鸭挡住了它的小脑袋，所以看不见。真是太棒了！它竟潜到水中将猎

名师讲堂

猎犬鲍依发现了野鸭的踪迹，为下文"我"射中野鸭做铺垫。

名师讲堂

动作描写，形象地描写出了野鸭中弹后的样子。

名师讲堂

运用一系列问句，目的在于引起读者思考、想象。

物叼了回来。

"真能干呀!"塞苏伊奇的声音传来。他悄悄地出现在我身后。

鲍依游到湖岸边的草墩子旁,爬了上来,把野鸭放下,抖了抖身上的水。

猎野鸭

猎人们早就发现,野鸭会飞的时候,就会整窝整窝,成群结队,从一个地方迁徙到另一个地方,一个昼夜迁徙两次。白天,它们躲进密密的芦苇内睡觉、休息。太阳一落山,它们就从芦苇丛里飞起来,踏上征途。

猎人早就做好了准备,他知道野鸭要飞到田野去,就在那里候着它们。他就守在岸上,埋伏在灌木丛中,面朝水面,对着日落的方向。

太阳落下的地方,天边燃烧着一条宽宽的光带。一群群野鸭黑色的身影在光带的映衬下分外醒目。它们直接对着猎人迎面飞来。

猎人**轻而易举**(形容事情容易做,不费力,省事)就能瞄准目标。从灌木丛里出其不意地开枪,往往能打中许多野鸭。

一枪又一枪,待到天全黑了猎人才停手。

晚上野鸭就在庄稼地里觅食。天亮后就飞回芦苇丛。

归途中很容易中了猎人的埋伏。这时候,猎人早就背向水面、脸朝东方,埋伏好了。野鸭群正好撞在猎人的枪口上。

助手

一整窝黑琴鸡在林间空地上觅食。它们一直待在离林子很近的地方，一有情况，好躲进林子里逃命。

它们在啄食浆果。

黑琴鸡一发现**风吹草动**（风稍一吹，草就摇晃。比喻微小的变动），就抬起头，看见草丛上露出一张可怕的兽类嘴脸。耷拉着肥厚的嘴唇，来回抖动着。一双贪婪的眼睛紧紧盯着伏在地上的小黑琴鸡。

小黑琴鸡缩成富有弹性的一团，一双小眼睛瞪着野兽那双铜铃般的大眼，等着看下一步该如何应付。只要对方稍有动作，小黑琴鸡就挥动强有力的翅膀，闪到一边——有能耐就到空中来抓我吧！

时间一分一秒地过去。野兽那张嘴脸还盯着缩成一团的黑琴鸡。黑琴鸡不敢飞起来，野兽也没想动弹。

冷不防传来一声喝令："向前冲！"

野兽冲了过去。小黑琴鸡噼噼啪啪振翅飞了起来，箭一般地向救命的林子飞去。"砰"的一声，火光一闪，烟雾腾腾。小黑琴鸡翻着、滚着，坠落在地。

猎人捡起小黑琴鸡，命令狗继续上路："走，别出声！去找找，拉达，去找找……"

阅读心得

护林人对山羊疏于看管，结果这只山羊吃光了整片树林的树苗。我们在做事的时候一定要细心，否则就会像故事里的护林人那样，造成不可估量的损失。

名师讲堂

琴鸡一直待在离林子很近的地方，表现出它们谨慎的性格特征。

名师讲堂

形象地描写出了小黑琴鸡在与猎犬对峙时的动作神态。

名师讲堂

"箭一般地"突出了小黑琴鸡的速度之快。

阅读提示

　　秋天到了,越来越多的枯树叶随风飘落;小动物们都在做着过冬前的各种准备;鸟儿们集结整队,分批启程去南方;很多乔木和灌木都结出了种子和果实;洋口蘑生长旺盛,几分钟就可以采一小篮……

秋之卷

候鸟告别月

森林中的大事记

告别的歌声

　　在白桦树上,已经没有几片叶子了。在光秃秃的树干上,孤孤单单地挂着一个椋鸟巢。主人已经离开了,只留下它在那里晃来晃去。

　　忽然,两只椋鸟飞了过来。怎么回事?雌椋鸟飞进巢里,**一本正经**(后用以形容态度庄重严肃,郑重其事)地忙碌起来。雄椋鸟蹲在树枝上,向四周张望,后来,它唱起歌来,悄悄地唱着关于自己的歌儿。

名师讲堂

　　动作描写,介绍了雌、雄椋鸟不同的行动。

　　忙完了,雌椋鸟就从巢里飞了出来,匆匆忙忙地向鸟群飞去。雄椋鸟跟在它的后面。是时候了,是时候了——不是今天,就是明天,就要远行了。

名师讲堂

　　椋鸟的孩子是在这所房子里出生的,这里有它们最美好的回忆。

　　它们是来跟这座小房子告别的。夏天的时候,它们的孩子就是在这里出生的。

　　它们不会忘记这座小房子。春天的时候,它们还要回来住。

水晶般的早晨

一大早，我像平常一样，到花园里散步。

我走出家门，发现秋高气爽。在乔木、灌木和青草间，挂满了银色的细蜘蛛网，上面缀满了很小很小的"玻璃珠"。在每张网的正中心，都有一只蜘蛛伏在上面。

在两棵小云杉的树枝间，有一张银色的网，在寒露衬托下好像水晶一样，让人不忍触碰。蜘蛛自己则像个小球一样，缩在那里，一动也不动，也可能它是被冻僵了，或者已经冻死了。苍蝇还没飞出来。

我用小指头轻轻地碰了一下小蜘蛛。

小蜘蛛没有反抗，竟像一颗冷冰冰的小石子那样，"啪"地掉到了地上。

但是，它刚落到地上——草下面，我就看见它立刻跳起来，拔腿就跑，很快就藏了起来。

真是一个狡猾的小骗子！

我很想知道，它是否还会回到这张网上，它是否还能找到这张网，或者再编一张新的蜘蛛网。那得费多大的心思呀！跑前跑后、打结、绕圈子，多费事呀！

小露珠在细草尖上抖动着，就像在长长的睫毛上颤动的泪珠一样。它们闪耀着光辉，散发着喜悦。

在道路的两侧，还长着最后一批小野菊花。它们穿着花瓣做的白裙子，等待着太阳温暖的拥抱。

空气稍微有点冷，却那么纯净、透明，看上去像水晶那样清澈。在这样的早晨，一切都是那么漂亮、华丽。缤纷多姿的树叶，被露水和蜘蛛网打扮成银色的青草，夏天不常出现的那种很蓝很蓝的小河，让

名师讲堂

运用比喻的修辞手法，表现出了在寒露衬托下的蜘蛛网的美丽。

名师讲堂

生动形象地描写出了小蜘蛛落地时的状态。

名师讲堂

心理描写，表现出了"我"对小蜘蛛的关爱之情。

名师讲堂

自然环境描写，表现出清晨森林的美丽。

人看了心情**舒畅**（指心情的舒展与畅快）。

我看到的最难看的东西，是一株湿淋淋的冠毛粘在一起的蒲公英。还有一只毛茸茸的无色灰蛾，它的脑袋已经露出肉了，大概是被鸟儿啄的。回想夏天的时候，那些头戴千万顶降落伞的蒲公英，是多么神气呀！而那时的灰蛾呢，则顶着光溜溜的脑袋，浑身毛茸茸的，也是生机勃勃的呀！

我觉得它们很可怜，就把灰蛾放在蒲公英上，拿在手里，让森林上方的阳光照着它们，这样照了很久。它们两个——灰蛾和花儿——又冷又湿，几乎都快死掉了。后来，它们渐渐活了过来，有点儿生命的迹象了：蒲公英头上的那些灰色小降落伞干了，变成又白又轻的样子，然后升了起来；灰蛾的翅膀也逐渐恢复了活力，变得毛茸茸的，像是被烟熏过一样。这两个可怜的家伙开始变漂亮了。

在森林的角落里，一只琴鸡叽里咕噜地嘟哝着。

我走向灌木丛，想从灌木丛后偷偷地绕到它身边，看看它是怎样静静地嘟哝着自己的心事。这秋日里"啾弗啾弗"的叫声，是否让它想起了春天时做的游戏。

可还没等我走到灌木丛前，它——那只黑色的家伙——"扑棱"一声响，

从我的脚边飞了起来,这声音吓得我直哆嗦。

原来,它就在我跟前蹲着。我还以为它离我很远呢!

这时候,远远地传来一阵喇叭声——这是鹤在叫唤呢——它们成群结队地从森林的上空飞了过去。

它们离我们而去了……

名师讲堂

表现出了作者对离去的鹤群的不舍。

游泳旅行

草地上,枯萎的草蔫头耷脑地伏在地上。

著名的竞走运动员——秧鸡,已奔赴遥远的旅途。

在海上长途飞行线上,出现了一群群矶凫和绵凫。它们潜入水中伺机捕鱼,很少展开翅膀飞起来,它们就这么游着游着,游过了湖泊和海湾。

它们甚至不需要像鸭子那样,先抬起身子,再向水下扎猛子。它们的身子太适合潜泳了,只要把头一低,脚蹼用力地蹬一下,就钻到水下深处了。矶凫

名师讲堂

运用拟人的修辞手法,形象地描写出了草枯萎后的状态。

名师讲堂

运用对比手法,介绍了矶凫和绵凫的水性。

和绵凫在水底是那么自在，就像在家里一样。任何一种长翅膀的猛禽在下面都追不上它们。只要它们一游起来，连鱼儿都追不上。

最后的浆果

在沼泽地上，那些长在泥炭墩上的蔓越橘成熟了。它们的浆果径直躺在青苔上，很远就能看见。可是，它们到底长在什么东西上面却看不到。再走近些，才能发现，在青苔"枕头"上，一些像绒毛那样细小的茎延伸着，两旁长着一些坚硬的泛着光的小叶子。

原来，这就是一棵小灌木！

上 路 了

每一天，每一夜，都会有一批批长着翅膀的旅客上路。它们一点儿都不着急，就这样慢慢地飞着。它们歇息的时间很长，这和春天是不一样的。看得出来，它们不愿意离开故乡呢！

它们搬家的顺序跟来时正好相反：现在，第一批飞走的是那些色彩鲜艳的、花花绿绿的鸟儿；最后动身的是春天最先飞来的燕雀、百灵、鸥鸟等。在很多鸟类中，年轻的飞在前面。雌燕雀比雄燕雀先飞走。谁强壮有力、能吃苦，谁就晚些走。

大多数鸟儿直接飞向南方——法国、意大利、地中海、非洲。还有一些鸟儿向东飞：经过乌拉尔、西伯利亚，飞到印度去；有的甚至飞到美国去。几千公里的路程，在它们的脚下只是**一闪而过**（形容匆匆而过，不经意间就过去了，速度很快）。

等待帮手

乔木、灌木和青草，都在急急忙忙地安排子孙后代的生活。

从槭树枝上垂下来一对对翅果。它们已经开裂了，就等着风儿一吹，把它们带走，播种出去。

期待风儿快点吹过来的还有草族人民：在高高的长茎上，从干燥的头状花里伸出一串串华丽的、蚕丝般的灰色茸毛；香蒲的茎顶端穿上了褐色的"小皮袄"，长得比沼泽里的草还要高；山柳菊的毛茸茸的小球，已经准备好在晴朗的日子里随风飘散。

还有数不清的草儿，果实上长着或长或短的细毛，有的很普通，也有的像羽毛一样。

在收割过的田里、路两边和水沟旁，植物们等待的对象已经不是风了，而是四条腿的动物或两条腿的人：长着干燥的尖尖的花盘的牛蒡，紧紧地拽着自己菱形的种子，等待敌人上钩；狗尾草喜欢用它那黑色的三角形的果实戳行人的袜子；带钩刺的猪殃殃，它的果实又小又圆，喜欢钩住人的衣衫不放，只有用毛绒才能把它擦掉。

来自森林的第二封电报

我们躲起来，偷偷地观察，看是谁在海湾沿岸的淤泥地上印上了这些小十字和小点子。

原来，这是滨鹬干的好事儿！

在遍布淤泥的小海湾，有它们的一家小饭馆。它们有时会在这儿休息，吃点东西。它们迈着大长腿，在这片柔软的淤泥上走来走去，这样就留下了许

名师讲堂 总起句，引出下文。

名师讲堂 使用排比句，使描写更加细腻、形象生动。

名师讲堂 点明这些植物要依靠动物或人来传播种子。

名师讲堂 运用拟人的修辞手法，表明这个小海湾是滨鹬们聚集进食的地方。

151

多三个分得

很开的脚趾

印。那些淤泥里的小点

子,是它们用长嘴插的,它们想吃

早饭的时候,就会把长嘴伸到里面寻找小虫子。

名师讲堂

向读者们介绍了淤泥地上小点子的由来。

我们捉到一只鹳。它在我们家房顶上住了整整一个夏天。我们在它脚上套了一个很轻的金属环(铝制的)。环上刻了一行字:莫斯科,请通知鸟类研究会,A-241195。后来,我们把它放开,让它带着脚环飞走了。如果有人在它过冬的地方捉住它,我们就可以从报上知道,我们的鹳冬天的住所在哪里。

名师讲堂

描写了森林里的落叶,渲染出秋天萧瑟、凄凉的气氛。

森林里的树叶全部变了颜色,开始往地下飘落了。

城市新闻

黑夜里的惊扰

在城郊,几乎每天夜里,家禽都会被惊扰。

院子里一片乱哄哄的,人们听见了,就从床上跳下来,把头伸到窗外去看。怎么啦?出什么事儿啦?

在下面的院子里,家禽都在使劲儿扑扇着翅膀,鹅咯咯地叫着,鸭子嘎嘎地吵着。

是黄鼠狼来咬它们来了?或者是狐狸钻进来了吗?可是,什么样的狐狸和黄鼠狼,能从铁门进来,钻到石头围墙里呢?

名师讲堂

连用三个问句以吸引读者的注意。

主人们仔细地检查了一遍院子,又看了看家禽窝,一切正常,什么也没有。这么坚固的锁,这么结实的门,谁也不能偷偷钻进来的。可能,只不过是家

禽做噩梦了吧！现在，它们不是已经安静下来了吗？人们躺到床上，放心地睡着了。

可是，一个小时后，又传来了咯咯、嘎嘎的声音。又乱了，怎么回事儿呀？那儿又怎么了？

快打开窗户，躲起来，仔细听。<u>星星发出金色的光芒，在黑黢黢的夜空中一闪一闪的。一切又都静悄悄了。</u>

快瞧，好像有一个模糊的影子从上面飞过去了，它们排着长队，把天上星星的金色的"火光"都遮住了。你听，好像有一阵轻轻的、**断断续续**（指时断时续地接连下去；形容不连贯）的啸声，从那边模模糊糊地传了过来。

院子里家鸭和家鹅一下子都醒了过来。<u>这些早已忘记什么是自由的鸟儿，它们不停地扇着翅膀，踮着脚掌，伸长脖子，凄苦地叫着。</u>

在高高的夜空里，自由的野生姐妹们正呼唤着它们。在石头房子的上空，在铁房盖的上面，那些长着翅膀的旅行家，一群又一群地飞过，翅膀发出声

名师讲堂

以静衬动，蓄势待发，为下文家鸭和家鹅的鸣叫做铺垫。

名师讲堂

动作描写，表现出家鸭和家鹅的激动，反衬出它们对自由的渴望。

音。野生的大雁和雪雁呼应着，叫喊着。

"咯咯咯！上路吧！上路吧！远离寒冷！远离饥饿！上路吧！上路吧！"

候鸟响亮的召唤声渐去渐远；而那些在石头院里，早已忘记怎样飞行的家鸭和家鹅，却还在乱喊乱叫，吵个不休。

名师讲堂
将家禽和自由翱翔的鸟儿作对比，意在表明自由的可贵。

空袭

在列宁格勒的伊萨基耶夫斯基广场上，在行人的面前，一出白日空袭的好戏上演了。

名师讲堂
一群鸽子飞起，为下文埋下了伏笔。

一群鸽子刚刚从广场上飞了起来。突然，在伊萨基耶夫斯基大教堂的圆屋顶上，一只巨大的游隼"呼"的一声飞了出来，向最边上的那只鸽子猛扑过去。眨眼间，空中鸽毛乱舞。

名师讲堂
"乱舞"一词表明鸽子和游隼的搏斗场面十分激烈。

行人看见那群受到惊吓的鸽子，都慌慌张张地藏到一幢大房子的屋顶下面去了；而那只大游隼，用脚爪抓住鸽子的尸体，慢慢悠悠地飞回大教堂的顶上。

大游隼（是中型猛禽）的必经之路正好通过我们城市的上空。这些强盗，喜欢把老巢建在教堂的圆屋顶和钟楼上，因为从那里观察猎物很方便。

来自森林的第三封电报

清晨的寒气袭来了。

名师讲堂
表现出寒风的凛冽。

在一些灌木丛上，叶子好像被刀削过了一样。风一吹，就像雨点般飘落下来。

蝴蝶、苍蝇、甲虫都躲到属于自己的地方去了。

那些会鸣叫的候鸟，急急忙忙地穿过一片片丛林：它们已经感觉到饥饿了。

只有鸫鸟不抱怨肚子饿，它们成群结队地扑向了熟透的山梨。

寒风在光秃秃的森林里打着呼哨。树木都**沉浸**（浸泡，浸入水中。多比喻完全处于某种境界或思想活动中。全神贯注于某种事物）在美梦里。森林里再也听不到歌声了。

把采蘑菇的事儿都忘了

九月，我和同学们一块儿去树林里采蘑菇。在那儿，我吓跑了四只灰色的榛鸡。它们的脖子都是短短的。

接着，我看见一条死蛇，它晒得干干的，悬挂在树墩上。树墩上有个小洞，从那里传来了咝咝声。我想，那应该是个蛇洞，就赶紧从那个可怕的地方跑开了。

后来，当我快走到沼泽地的时候，我看到了有生以来从没见过的东西：七只鹤像一群绵羊一样，从沼泽地上慢慢地升了起来——在这之前，我只是在学校的图书上看见过鹤。

大家伙每人都采了满满一篮蘑菇，可我一直在树林里乱逛。到处都有鸟儿时隐时现，婉转啼鸣。

当我们回家的时候，一只兔子从路上跑过，它的全身都是灰的，只有脖子和后脚是白的。

我绕开了那个有蛇洞的树墩。我们还看见许多大雁，它们飞过了我们的村庄，大声地咯咯叫着。

山鼠

我们在挑土豆。忽然，在我们的牲畜栏里，有个东西"沙沙"地动起来。后来，跑来一条狗，蹲在这

名师讲堂

运用拟人的修辞手法，形象地描绘出了秋天萧瑟的情景。

名师讲堂

"我"从洞里传出的声音判断出这个洞是蛇洞。

名师讲堂

作者想告诉读者们：从书本上学知识是远远不够的，还要善于从大自然中学习知识。

155

里，用鼻子闻起来。可那小兽还是钻来钻去。于是，狗就用爪子开始刨坑，一边刨，一边"汪汪"地叫，因为那小兽正朝它钻过来。狗刨了个小坑，差点儿就可以看到小兽的头了。后来，狗又继续把这个坑刨大一些，把小兽拖了出来。

小兽竟突然咬了它一口，狗急忙把它抛了出去，冲着它愤怒地吼叫起来。小兽的个头有小猫那么大，一身天蓝色的毛，夹杂着些许黄色、黑色、白色的毛。这种小兽其实就是山鼠。

喜鹊

春天，农村的孩子们捣毁了一个喜鹊巢。我从他们那儿买了一只小喜鹊。只过了一昼夜，它就开始听话了。第二天，它已经在我手里吃东西喝水了。我们叫它"魔法师"。它习惯了这个称呼，叫它名字的时候，它立刻就会做出反应。

在翅膀长成了以后，喜鹊总喜欢飞到门上蹲着。在门对面的厨房里，摆着一张带抽屉的桌子。抽屉可以拉出来，里面总是放着一些食物。经常是，你一拉开抽屉，喜鹊立刻就从门上飞到里面去——急急忙忙地吃那里面的东西，有什么吃什么。拖它走的时候，它还乱叫，不肯出来呢！

去打水的时候，我就喊一声：

"'魔法师'，跟我一起去！"

它就落在我的肩膀上，跟我走了。

我们喝茶的时候，喜鹊总是第一个忙起来：又是抓糖，又是抓甜面包，有时候还把爪子伸到滚烫的牛奶里去。

最可笑的是，曾经有一次，我去菜园的胡萝卜地里拔草，"魔法师"蹲在地垄沟上瞧着我，好像在询问我在做什么。看了一会儿，它就开始学我的样子，把一根根绿茎从地垄沟上拔起来，放到一块儿——它帮我除草呢！

不过，它可分不清楚杂草和胡萝卜，索性一起都揪下来。真是个好助手呀！

秋天的蘑菇

现在，森林里到处都凄凄惨惨的！光秃秃，潮乎乎，散发着树叶糜烂的气息。唯一能让人高兴的是洋口蘑长了出来。看着它，人们心里就挺感安慰的。它们有的一堆堆地聚集在树墩上，有的已经爬上了树干，有的撒在地上，仿佛过着**离群索居**（指远离人群，自己一个人居住，泛指不合群，孤独的人）的日子，独自在这里徘徊。

看上去让人欣慰，采起来也让人高兴。几分钟就可以采一小篮，而且可以好好挑挑，只选蘑菇的帽子。

小洋口蘑可真好，它们的帽子紧紧的，就像孩子们头上戴的那种无檐小帽，帽子下面是一条白色的小围巾。过不了几天，无檐小帽就会变成一顶真正的帽子，围巾也会变成一条小领子。

整个帽子上都长着烟熏般的小鳞片。它是什么颜色的？这很难说，反正是一种使人心情舒畅的、宁静的淡褐色。小洋口蘑的帽子下的蕈褶是白色的，老洋口蘑是近似浅黄色的。

你是否注意到，当老蘑菇的帽檐盖到小蘑菇帽子上的时候，小蕈帽上就好像涂了一层粉似的？你

肯定会想:"或许它们长霉了吧?"但马上你就明白过来:"这是孢子——从老蕈帽下面撒下来的。"

如果你想吃洋口蘑,你就必须记住它们的特点。市场上,人们经常会把毒蕈错认作洋口蘑。有些毒蕈也生在树墩上,很像洋口蘑。不过,毒蕈的蕈帽下没有领子,蕈帽上没有鳞片,蕈帽的颜色是鲜艳的黄色和粉红色,帽褶有的是黄色,有的是淡绿色;而孢子呢,则都是暗淡的颜色。

名师讲堂

解释说明了毒蕈和洋口蘑的不同之处。

大家都躲起来了

天气越来越冷了……

火热的夏天过去了……

血液都快要冻成冰了,大家都不愿意动弹,变得懒洋洋的,老是想睡觉。

名师讲堂

行为描写,从侧面表现出了天气的寒冷。

长着尾巴的蝾螈,整个夏天都住在池塘里,一次都没出来过。现在,它爬上岸来,慢慢地、**步履艰难**(指行走困难行动不方便)地来到了树林。它找到一个腐烂的树墩,就钻进树皮里,蜷缩着身体睡着了。

青蛙却正好和它相反。它们从岸上跳进池塘,潜入池底,钻进了淤泥深处。蛇和蜥蜴躲到树根底下,身上盖上了暖和的青苔。鱼儿成群结队游到深渊里,在那里挤在一起过冬。

名师讲堂

向读者们介绍了几种动物过冬的方式。

蝴蝶、苍蝇、蚊虫、甲虫,这些小家伙或者钻进树皮,或者钻进围墙裂缝,都藏起来了。蚂蚁堵上了所有的大门,它们的城市有一百多个出入口,现在已经全部封锁起来了。它们要到那个高高的城市的最里面去,在那里挤作一堆,拥成一团,就这样一动也不

动地入睡了。

要挨饿了！要挨饿了！

对于那些热血动物，比如鸟儿呀，野兽呀，寒冷倒不是那么可怕。它们只要有东西吃就行，食物会使它们的身体像生了火炉一样暖和。可是，饥饿总是随着寒冷一同光临。

名师讲堂

运用比喻的修辞手法，形象地突出了蝙蝠翅膀的特点。

蝴蝶、苍蝇、蚊虫都躲了起来，于是，蝙蝠没东西吃了。它只能躲到树洞里、石穴里、岩缝里和阁楼顶上面。它们倒挂着，用后脚爪抓住某种东西，缩起了斗篷似的翅膀——睡着了。

青蛙、癞蛤蟆、蜥蜴、蛇、蜗牛，全都躲起来了。刺猬躲在树根下的草穴里。獾也很少出洞了。

候鸟飞走过冬去了

从天上看秋天

真想从天上看看我们这片**无边无际**（形容范围极为广阔）的国土。秋天，乘着气球升到高空，升得比静止的森林还要高，比飘动着的白云还要高，最好离地面三十公里。即便是这样，你也看不见国土的边缘。当然，如果天空晴朗，没有云层遮盖大地，视野还是非常开阔的。

名师讲堂

与前文相照应，突出了国土的广阔。

从这个高度看下去，似乎我们的整个大地都在运动，有种什么东西在森林、草原、高山和海洋的上

方运动着……

啊，原来是鸟群，数不清的鸟群。

我们这儿的候鸟儿，离开了故乡，飞向过冬的地方了。

当然，某些鸟儿留了下来，比如麻雀、鸽子、寒鸦、灰雀、黄雀、山雀、啄木鸟和其他小鸟，除了鹌鹑以外的所有野鸡、鹞鹰和大猫头鹰。冬天，这些猛禽在我们这里也很少有活干，大多数鸟儿还是会选择离开。鸟儿从夏末就开始出发了。最先飞走的，是春天最后飞来的那一批。鸟儿的迁徙要持续整整一个秋天，直到河水被冻成冰为止。最后离开我们的，是春天最先飞来的那一批——秃鼻乌鸦、云雀、椋鸟、野鸭、鸥……

名师讲堂

向读者们介绍了鸟儿迁徙持续的时间。

什么鸟往什么地方飞

你们可能在想：一群群鸟儿都是从同温层飞向越冬地，都是从北往南飞，不是吗？那你可就错了！

不同的鸟儿在不同的时间段飞走，大多数会选择夜间飞行，因为这样更安全。但是，不是所有的鸟都从北往南，飞到很远的地方去过冬。秋天的时候，有些鸟是从东向西飞。另外一些鸟正好相反——从西向东飞。我们这里还有一些鸟，直接飞到北方去过冬。

我们的专业记者发来无线电报，利用无线电广播向我们报道：什么鸟儿往什么地方飞，长着翅膀的旅行家们在路上身体怎么样。

从西向东

红色的朱雀——金丝雀，在鸟群里聊着天——"喊，咦！喊，咦！"早在八月里，它们就开始旅行了——从波罗的海边、列宁格勒和诺甫戈罗德，它们不慌不忙地飞着。哪儿都有食物，足够吃喝了，忙什么呀？又不是急着回家去筑巢，也不急着养育小宝贝。

我们在它们迁徙的途中看到，它们飞过了伏尔加河，飞过了乌拉尔一座不高的山岭，现在它们正在巴拉巴——西伯利亚西部的草原上呢。它们一天天向东飞去，向着太阳升起的方向飞去。它们穿过一片片丛林。整个巴拉巴草原上，到处是白桦树林。

它们尽可能选择夜里出发，白天休息、吃食物。虽然它们都是成群结队地飞，而且群里的成员都随时保持警惕，可是灾祸还是会不可避免地发生。只要稍有疏忽，就会被老鹰捉去一两只。西伯利亚的猛禽实在太多了，比如雀鹰、燕隼、灰背隼。它们飞得太快了！每次金丝雀从一片丛林飞往另一片丛林的时候，不知要被那些猛禽捉去多少。晚上倒好一

师讲堂

运用对比，凸显了这几种鸟儿的特殊。

师讲堂

专业记者随时用无线电报向大家报道着关于鸟儿的消息。

师讲堂

用生动、幽默的语言介绍了金丝雀悠闲飞行的原因。

师讲堂

向读者们介绍了金丝雀的生活习性。

些,虽然猫头鹰很凶残,但毕竟数量不多。

在西伯利亚,沙雀改变了方向。它们要飞过阿尔泰山脉,飞过蒙古沙漠。在这艰难的旅途中,有多少可怜的小鸟儿要送掉性命呀!一直飞到了炎热的印度——它们在那里过冬,才能放心。

从东往西

在奥涅加湖上,每年夏天孵出来的野鸭像乌云一样,**铺天盖地**(遮掩天空,覆盖大地,形容来势猛,声势大,到处都是);还有那大群的鸥鸟,就好像白云一样,飞来飞去。秋天到来时,这些大片的乌云和白云,就要向西方——日落的方向飞去。针尾鸭群和蓝鸥群已经动身飞往过冬地了。让我们坐着飞机跟着它们吧。

一阵刺耳的啸声,紧跟着是水的哗哗声、翅膀的扑棱声、野鸭的绝望声、鸥鸟的叫喊声……你们听见了吗?

这些针尾鸭和鸥,本来打算在林中湖泊上休息一下,哪知一只迁徙的游隼恰好也在这里。它发动了袭击,就像牧人的长鞭一样,抽动着空气,发出刺耳的尖啸,在已经飞到空中的野鸭背上一闪而过。它的小指头上面锋利的如同尖刀一样的利爪,伸向了野鸭群。一只野鸭被袭击了,垂下了长长的脖子。受伤的鸟儿还没来得及掉入湖中,那动作神速的游隼蓦地一个转身,在水面上一把把它抓住,用钢铁般的利嘴朝它后脑上一啄——吃午饭去了。

这游隼给野鸭群带来了无穷的痛苦。它从奥涅加湖和野鸭们同时起飞，和它们一起飞过了列宁格勒、芬兰湾、拉脱维亚……当它吃饱了的时候，就蹲在岩石上或树上，冷漠地望着鸥群在水面上飞翔，望着野鸭的头在水面上朝下翻转，看着它们成群结队从水面上飞起，继续去往西方的漫漫长途。那儿，有灰色的波罗的海的海水，有像黄球一样落山的太阳。游隼肚子一饿，就立刻飞快地赶上野鸭群，逮住一只野鸭来填饱肚子。

就这样，它一直跟着野鸭群，沿着波罗的海海岸、北海海岸飞行，跟着野鸭群飞过不列颠岛。只有到了那里，这只长着翅膀的"饿狼"才会放弃纠缠。因为我们的野鸭和鸥会在这里留下来过冬。而游隼，只要它愿意，完全可以跟随别的野鸭群继续向南飞，穿过法国、意大利，越过地中海，向炎热的非洲飞去。

向北飞——飞向极夜地区

多毛绵鸭——就是为我们提供又轻又暖的鸭绒（可用来做冬大衣）的那种野鸭——在白海的干达拉克沙禁猎区，安静地孵出了它们的雏鸟。这个禁猎区多年以来一直在进行保护绵鸭的工作。为了弄清楚绵鸭从禁猎区飞到什么地方去过冬，这些绵鸭是

名师讲堂

运用比喻的修辞手法，形象地描绘出了太阳落山时的形态。

名师讲堂

照应前文"这游隼给野鸭群带来了无穷的痛苦"。

好孩子书屋

164

否能够返回禁猎区、返回自己的巢穴,以及这些神奇的鸟儿的其他各种生活细节,大学生和科学家们给绵鸭戴上很轻的金属脚环。

人们已经知道了,绵鸭从禁猎区几乎是一直向北飞——飞到极夜地区,飞到北冰洋去。那里有很多格陵兰海豹,还能听见白鲸的大声叹息。

不久,白海就要被厚厚的冰层覆盖。冬天,绵鸭在这里什么也吃不到。它们会聚集在奥涅斯湾。这个海湾距离白海不太远,在这里可以找到艾蒿填饱肚子。它们还可以从岩石和水藻上吃水里的软体动物——水下的海螺。它们是北方的鸟儿,只要能填饱肚子就行。天气越来越寒冷了,周围都被冰层覆盖,一片黑暗。它们不害怕,它们天然的绵鸭绒大衣,一点儿寒气都不透,是世界上最暖和的绒毛。那儿还常常出现神奇的北极光、巨大的月亮、明亮的星星。就算是太阳一连几个月不从海洋里探头,又有

名师讲堂

向读者们介绍了多毛绵鸭飞行的目的地。

名师讲堂

多毛绵鸭在冬天以艾蒿和水里的海螺为食。

什么关系呢？反正绵鸭觉得不错，吃得饱，穿得暖，能自由地度过漫长的北极冬夜。

乡村日记

沟壑的征服者

在我们的田里，出现了一些沟壑。沟壑越来越大，已经蔓延到田里来了。村民们都被这事儿弄得很烦躁，我们的孩子们也跟着大人们一起着急。在一次会上，我们专门讨论，怎样可以更好地和沟壑战斗，怎样才能让沟壑停止扩大。我们清楚，为了这个目的，得栽些树把沟壑围起来，让树根抓住土壤，巩固沟壑的边缘和斜坡。

这次会议是春天开的，而现在已经是秋天了。我们专门开发了一块苗圃，培育出了大批树苗——上千棵白杨树苗、藤蔓灌木和槐树。我们现在正在移植这些树苗。

几年之后，沟壑的斜坡就会被乔木和灌木覆盖。沟壑本身也将被彻底地征服。

采集种子

九月，很多乔木和灌木都结出了种子和果实。这时候，最重要的事情就是赶快采集种子，越多越好。然后，把它们种在苗圃里，将来绿化运河和新的池塘。

要采集大量乔木和灌木种子，最好在它们完全成熟以前，或者在它们刚成熟的时候采集，而且最好在

名师讲堂

叙述了大家的意见，点明了树木能够起到固定土壤的作用。

名师讲堂

描绘了几年后将会出现的场景，突出了树木的巨大作用。

名师讲堂

解释说明了采集种子的原因和重要性。

最短的时间里采完。尤其是尖叶槭树、橡树和西伯利亚落叶松的种子,采起来更是不能**耽搁**(耽误;拖延)。

九月里开始采集的树木种子有:苹果树的、野梨树的、西伯利亚苹果树的、红接骨木树的、皂荚树的、雪球花树的、马栗树和欧洲板栗树的、榛树的、狭叶胡秃子树的、沙棘树的、丁香树的、乌荆子树的和野蔷薇的。同时,也采集克里木和高加索常见的山茱萸的种子。

我们的好想法

现在,我们都在做一件利国利民的大好事——植树造林。

春天,我们也过"植树节"。这个日子已经变成了一个真正的造林的节日了。我们在农场的池塘的四周栽了树苗,这样它不会被太阳烤干。我们在高高的河岸上栽了树苗。为了加固陡坡,我们还绿化了学校的体育场。这些树苗都成活了,一个夏天就长大了许多。

现在,我们有一个好想法。冬天,我们这儿所有田间的道路,都会被雪掩埋。每年人们都不得不砍下整片小云杉林,把它们做成标杆,指明道路的方向,免得行人在风雪中迷路,掉到雪堆里去。

我们不明白,为什么要每年砍掉这么多小云杉。还不如在道路两旁栽上活的小云杉呢!这简直是**一劳永逸**(形容一次把事情做好,以后就不用再做)!这样,我们的道路就不会被雪掩埋了!

于是,我们就这样做了。我们在森林边缘地带

名师讲堂
总起句,引出下文。

名师讲堂
列举事例,突出了树木在保持水土方面的巨大作用。

名师讲堂
人们想出了比放置指路牌更好的方法——在道路两旁栽种小云杉。

167

挖了许多小云杉,用篮子把它们运到路上来。

我们细心地给它们浇了水,所有小树都愉快地在新家生长起来。

农场新闻

精选母鸡

昨天,在养鸡场里,人们在挑选最好的母鸡。他们用一块平板把母鸡小心地赶到一个角落里,然后一只一只地捉住,交到专家手里。

专家抓着一只母鸡看了看,长长的嘴、细瘦的身子、小小的鸡冠,颜色淡淡的,两只朦胧的眼睛,那眼神好像在问:"你动我干什么呀?"

专家把这只母鸡交回去,说:"我们不需要这样的母鸡。"

后来,专家的手里拿着一只短嘴大眼睛的小母鸡。它的脑袋很大,鲜艳的、红色

的冠子倒在一边。两只眼睛散发着亮晶晶的光芒。母鸡挣扎着，"咯咯咯"地叫着，好像在说："撒手！马上撒手！不要赶我，不要抓我，不要打扰我！你自己不挖蚯蚓吃，还不许别人挖呀！"

"这只不错！"专家说，"这只会给我们下蛋。"

原来，下蛋的母鸡都是活泼、乐观、**精力充沛**（体力强盛，精神充足）的呀。

星期日

小学生们帮忙收割块根作物——甜菜、冬油菜、芜菁、胡萝卜和香芹菜。孩子们发现，芜菁比个头最大的小学生瓦吉克·别特罗夫的头还要大。不过，最令他们惊奇的，是大个的饲用胡萝卜。

葛娜·拉里诺娃把一根胡萝卜立在她的脚旁，这根胡萝卜竟和她的膝盖一般高！胡萝卜的上半截有一巴掌宽，这真是个巨大的家伙。

"古时候，大概拿它来作战。"葛娜·拉里诺娃说，"用它来代替手榴弹，向敌人扔过去。当空手战斗的时候，就用这种大胡萝卜往敌人的脑袋上敲——咚！"

"古时候，这么大个儿的胡萝卜根本就栽不出来。"瓦吉克·别特罗夫说。

换房间，换名字

一些小鱼——鲤鱼出生了。春天，它们的妈妈在一个很小很小的池塘里产了卵，孵出七十万条鱼苗。这个池塘里没有别的鱼，就住着这一个家庭——七十万个兄弟姐妹。可是，过了一周半，这里已经挤不下了。于是，它们就搬到大池塘里去住。在那里，鱼苗长大了，秋天之前就改名叫鲤鱼了。

现在，小鲤鱼正准备搬到冬季的池塘里去住。过了冬天，它们就一岁了。

把小偷关在瓶子里

"把小偷关在瓶子里。"养蜂员说。

黄蜂强盗们飞到养蜂场，来偷蜂房里的蜂蜜。可是，它们还没飞到蜂房，就闻到一阵蜂蜜味。它们看见养蜂场上摆着一些装蜂蜜水的瓶子。

于是，黄蜂放弃了到蜂房里去偷蜂蜜的想法。它们觉得，从瓶子里偷蜂蜜比较文明，而且也比较安全。

它们钻进瓶子里去试了试，结果立刻就中了圈套——在蜂蜜水里淹死了。

猎事记

上当的琴鸡

秋天快到了，琴鸡开始聚集成群。群里有硬翅膀的黑色雄琴鸡，有浅棕黄色带斑点的雌琴鸡，还有年轻的小琴鸡。

琴鸡群又吵又叫地飞下来，落到浆果树丛里。

琴鸡在地上散开了。有的在啄坚硬的红越橘；

名师讲堂 列举数字，表明了这个"家庭"的庞大。

名师讲堂 设置悬念，吸引读者继续向下阅读。

名师讲堂 这些"强盗"们得到了应有的下场。

名师讲堂 总起句，引出下文。

好孩子书屋

有的用脚爪刨开草，吞食那些碎石和细沙——它们能够促进消化，磨碎嗉囊和胃里较硬的食物。

"沙沙沙……"是谁的脚步？在干枯的落叶堆上，走得那么急！

琴鸡都抬起头，**警觉**（对危险或情况变化敏锐地感觉到）起来。

名师讲堂
生动形象地描写了琴鸡们的不同动作。

一条北极犬竖着两只尖尖的耳朵，在树木间一闪而过，向这边跑来了。

一些琴鸡很不情愿地飞上了树枝。一些躲到了草丛里。

名师讲堂
动作描写，表现出了琴鸡谨慎的性格特征。

北极犬在浆果树丛里乱跑乱闯，把所有的琴鸡都吓得飞起来了，地上一只都没有。

后来，它蹲到树底下，眼睛盯着一只琴鸡，"汪汪"叫了起来。

琴鸡也张大眼睛瞪着它。没过多久，琴鸡就在树上蹲腻了，于是，它开始在树枝上来来回回地走，时不时地回头看看北极犬。

名师讲堂
动作描写，北极犬将这只琴鸡当成了目标。

"真讨厌！坐在这儿干吗？为什么还不走？想吃东西吗？……快点儿做自己的事儿去吧！那样我又可以下去啄浆果吃了……"

突然，枪声响起来，一只死琴鸡掉在地上。原来，当它在那儿忙着看北极犬的时候，猎人已经悄悄走了过来，偷偷地开了一枪。于是，它就从树上掉了下来。琴鸡们扑棱着翅膀飞了起来，飞过森林的上空，向远离猎人的地方飞去了。林中空地和小树在下面闪过。躲到哪里去呢？这里是不是也藏着猎人？

名师讲堂
原来猎人的目的是用北极犬来分散琴鸡的注意力。

在白桦树光秃秃的树冠上，蹲着几只黑琴鸡。一共有三只。就是说，落在这里肯定是安全的。如果白桦林里有人，那三只黑琴鸡是绝不会这样安安心心地蹲在这里的。

琴鸡群越飞越低，最后吵吵嚷嚷地落在树顶上。蹲在那儿的三只琴鸡，**一动不动**（意思是指静止不动），像个树墩一样，甚至连头都没朝它们转一转。新来的琴鸡仔细打量着它们。的确是琴鸡——乌黑的身体，鲜红的眉毛，翅膀上长着白斑，尾巴分叉，黑色的眼睛闪着亮光。

一切都很正常。

砰！砰！

怎么回事儿？哪儿来的枪声？为什么有两只新来的琴鸡从树枝上摔下去了？

树顶上冒起一阵轻烟，很快就消散了。可是，这里的三只琴鸡仍然像刚才那样，蹲在那里一动不动。新来的那群琴鸡也蹲在那里，望着它们。下面一个人也没有，为什么要飞走呀？！

新来的琴鸡转着脑袋看了看周围，就安下心来。

砰砰……

一只雄琴鸡像一团泥似的掉到了地上；另外一只突然向树顶上空高高地跃起，蹿到了空中，之后又摔下来。琴鸡群惊慌失措地从树上飞起，还没等到那只受伤的琴鸡落到地上，就逃得无影无踪了。只有原来那三只琴鸡仍然蹲在那里，一动也不动地待在树顶。

从一项隐蔽的帐篷里走出一个拿着枪的人，他捡起猎物，然后把枪靠在树上，爬到白桦树上去了。

白桦树顶上琴鸡的黑眼睛，**若有所思**（好像在思考着什么）地凝望着森林上空。黑色的眼睛一动不动,那是黑玻璃球。这些不动的琴鸡,是用黑绒布做的。只有嘴,是真正的琴鸡嘴。哦,是的,还有分叉的尾巴,也是用真正的羽毛做的。

猎人取下一只假琴鸡,从树上爬下来,又爬上另一棵树去取另外两只假琴鸡。

在远处,那群受到惊吓的琴鸡,正从一片森林的上空飞过。它们仔细瞧着每一棵树、每一丛灌木:新的危险会从哪儿来呀?哪儿才能躲开这些拿着猎枪的人类?你永远不能提前知道,他会用什么法子来暗算你……

好奇的大雁

大雁的好奇心很强,这是每个猎人都知道的事儿,而且他们也知道没有哪种鸟比大雁更谨慎。

在离河岸一公里的浅沙滩上,聚集着一群大雁。那里,走也走不过去,爬也爬不过去,乘车也过不去。大雁们把头藏在翅膀下,一只脚爪子缩起来,在那儿安安稳稳地睡大觉。

怕什么呢?它们有哨兵呢!在雁群的每一面,都站着一只老雁,它们不睡觉,也不打瞌睡,警惕地看着周围。不信你试试看。

岸上出现了一只小狗。那些负责警戒的老雁,立刻伸长了脖子望着:这只狗要做什么呀?

小狗在岸上跑来跑去,一会儿跑向这边,一会儿又跑到那边,好像在沙滩上捡着什么东西。它根本没瞅这些大雁一眼。

没有什么可疑的地方。不过,有点儿奇怪的是,这只狗干吗一会儿前一会儿后的,在那儿折腾什么

名师讲堂

解答悬念,原来树上的三只黑琴鸡是用黑绒布做的,所以才会一动不动。

名师讲堂

总起句,引出下文。

名师讲堂

向读者们介绍了大雁们能够安安稳稳睡大觉的原因。

名师讲堂

动作描写。小狗为什么跑来跑去呢?设置悬念。

呢？得走近些，看清楚才好……

一只负责警戒的大雁，摇摇晃晃地跳到水里，向岸边游了过来。轻轻的波浪拍打着沙滩，又有三四只大雁被吵醒了。它们也看见了小狗，也向岸边游来了。

师讲堂

解答悬念，小狗在岸上跑来跑去是为了扑面包团儿。

游近了，这才看清楚：原来，从岸上的一块大石头后面，飞出许多面包团儿——一会儿往这边扔，一会儿往那边扔，面包团儿都掉到了沙滩上。狗摇晃着尾巴，扑着面包团儿，这一跳那一跳的。

面包团儿是从哪儿来的呀？

师讲堂

末尾点题，原来是猎人利用大雁的好奇心把它们引到了岸上。

那几只大雁离岸边越来越近，它们伸长了脖子，想看个清楚……这时，从石头后面突然跳出来一个猎人，一枪一只，击中了这几颗好奇的脑袋——把它们全部打落到了水中。

六条腿的马

师讲堂

表现出了大雁"警卫"们高度的责任感。

大雁在田里吃东西。它们成群结队地在那儿尽情地吃，警卫们站在四周。它们不允许任何人接近它们，即使是一条狗，也不允许它走到眼前去。

远处，几匹马儿在田里散着步。大雁才不怕它们呢！**众所周知**（大家普遍知道的），马儿是一种温和的食草动物，它们是不会来骚扰鸟儿的。

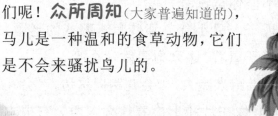

　　有一匹马，拣着地里剩下来的又短又硬的麦穗吃，不知不觉离雁群越来越近了。不过，这也没什么。等它走到跟前的时候，起飞也来得及。

　　这匹马多奇怪呀，它有六条腿。真是个怪物！有四条是一般的马腿，有两条腿穿着裤子。

名师讲堂

　　描写了这匹马的奇怪之处，为下文埋下伏笔。

　　负责警戒的大雁，发出了警报，咯咯咯地叫起来。大雁都抬起头来。

　　马儿还在慢慢地靠近。

　　警卫扇动翅膀，飞过来侦察。

　　它从上面发现，一个人躲在马后面，手里还握着一把枪呢！

名师讲堂

　　大雁警卫们及时发现了躲在马后的猎人。

　　"咯咯咯！快逃呀！快逃呀！"侦察员发出催促大家逃跑的信号。

　　整群大雁一下扑扇着翅膀，扑棱棱从地面上飞起来。

　　沮丧的猎人，在它们后面一连开了两枪。可是，太远了，霰弹已经打不到它们了。

　　雁群得救了。

喇叭声

每天晚上这时候，森林里都会传来向麋鹿挑战的号角声。

"谁不想活了，就出来和我厮杀吧！"

一只老麋鹿从它那长满青苔的洞穴里站了起来。它宽阔的犄角带着十三个分叉，身长约二米，体重有四百多公斤。

谁敢向这位林中的无敌大力士挑战！

老麋鹿气势汹汹(形容气势凶猛)地赶过去应战。它那笨重的蹄子，深深地踩进湿漉漉的青苔里，把挡路的小树都踏断了。

从对手那里，又传来了挑战的号角声。

老麋鹿用可怕的吼声回应着对手。这吼声可真吓人——琴鸡听到了，惊慌失措地从白桦树上逃走了；胆小的兔子听到了，吓得从地上一跳，拼命冲到密林里去了。

"看谁敢……"

名师讲堂

语言描写，形象地描绘出了麋鹿的勇敢无畏。

名师讲堂

用小动物们惊慌失措的样子反衬出麋鹿叫声的可怕。

176

它眼睛里布满血丝，也不分辨道路，径直向着声音传出的地方冲了过去。树林已经开始变得稀疏起来，前面出现了一片空地……啊！原来在这里呀。

它从树后飞一般向前冲去，想用犄角一下把敌人撞死，或者用沉重的身体把敌手压死，用锐利的蹄子把敌手踩烂。

直到枪声响起，老麋鹿才看见，树后那个拿枪的人腰里别着一个大喇叭。

老麋鹿拔腿往密林里逃，**摇摇晃晃**（左右摇摆，不稳定）的，身体衰弱极了，伤口不断地流着血。

🔍名师讲堂

动作描写，形象地表现出老麋鹿的勇猛。

阅读心得

《喇叭声》这个故事告诉了我们这样一个道理，做事情之前要调查清楚，不能盲目地采取行动，否则就会像故事里的老麋鹿那样，落入陷阱。

读佳句

期待风儿快点吹过来的还有草族人民：在高高的长茎上，从干燥的头状花里伸出一串串华丽的、蚕丝般的灰色茸毛；香蒲的茎顶端穿上了褐色的"小皮袄"，长得比沼泽里的草还要高；山柳菊的毛茸茸的小球，已经准备好在晴朗的日子里随风飘散。

动物们急急忙忙地准备着过冬的食物；植物们也都在以自己的方式准备过冬；孩子们在花园和校园里栽种一些由小树或者灌木丛组成的活篱笆；人们干完了田里的活儿，把注意力都集中在家畜身上了……

粮食储备月
森林中的大事记

准备过冬

严寒暂时还没有进一步加剧，但可不能大意呀。只要一有机会，它会瞬间就把大地和水都冰冻起来。那时去哪儿找食物，又到哪儿去藏身呢？

森林里的每一只动物，都在按照自己的方式准备过冬。

名师讲堂

中心句，贯穿全文。

忍受不了饥饿和寒冷的，都扇动翅膀飞往南方温暖的地方去了；留下来的，都在急急忙忙准备着过冬的粮食，填满自己的仓库。

其中，干得最起劲的是短尾野鼠。它们把洞直接挖在农民的禾草垛里或粮食垛下面，每天夜里不停地往那里偷运粮食。

名师讲堂

向读者们介绍了短尾野鼠储存冬粮的方式，点明了它的危害。

每一个洞都由五六条小过道互相连接，每一条过道都通向一个洞口。地底下还有一个卧室和几个小仓库。

冬天，野鼠要到天气最冷的时候才开始睡觉，因此它们储存了大量粮食，准备冬眠之前吃。有些野鼠洞里，甚至已经收集了四五公斤精选的谷粒。

名师讲堂

解释说明了野鼠储存冬粮的原因。

这些小啮齿科动物专门在田里偷粮食，所以我们得防备这些祸害庄稼的小东西。

年轻的过冬者

树木和草本植物，都在准备着过冬。一年生的草本植物则已经准备好了自己的种子。并不是所有的一年生草类都用种子的形式过冬。它们有的会采取发芽的方式。很多一年生的杂草，会在翻过土的菜园里生长起来。我们可以看到，在荒凉的黑土地上，有一簇簇像小锯条似的芥菜叶子；还有像荨麻似的，紫红色、毛茸茸的野芝麻小叶子；还有小巧玲珑的香母草、三色堇、犁头菜；当然，还有讨厌的繁缕。

这些小植物都努力准备度过冬天，在雪下面生活到明年秋天。

谁来得及

在雪地上，长着很多枝杈的椴树，像是在森林里散落着的一些棕红色的斑点，很容易同周围的树区别开来。但呈现出棕红色的并不是它们的叶子，而是靠近坚果的像小舌头似的翅膀。椴树的树杈上，到处都结满了这种带翅膀的小坚果。

不是只有椴树才有这样一套衣裳。瞧，那边高大的桦树不也是这样吗？树身上挂满了坚果呀。这些坚果细细长长的，**密密麻麻**(表示非常的密集，形容又多又密)地挂在树上，看起来就像一颗颗小豆荚一样。

但其中最漂亮的还是山梨树：直到现在，山梨树身上还挂满了一串串鲜艳夺目的、沉甸甸的浆果呢！同样挂着浆果的还有小蘖树。

桃叶卫矛的果实，美丽得让人赞叹，即使在秋天里它仍然那么漂亮，简直就像一朵朵长着黄色雄蕊的玫瑰花。

有的乔木在冬天来临之前还没做好传宗接代的准备。

在榛子树上，可以看见一簇簇风干了的菜荑花序，花序上面还藏着一些带翅膀的榛子。

赤杨的黑色球果还没有成熟落地。而白桦树已经为明年的春天做好了准备，那就是它们长出的菜荑花序。因为春天一到，这些菜荑花序就会被拉长，透过上面薄薄的鳞片，结出花蕾。

榛子树上的菜荑花序，看起来非常肥厚，每根树枝两侧都对称地长着两对红灰色的花序。不过，在榛子树上早已找不到榛子了。榛子树已经做好了跟它的后代告别的准备，也做好了春天前的一切安排。

储藏蔬菜

短耳朵水鼠夏天就住在自己建起来的别墅里。别墅坐落在小河边，里面还有一间地下室。地下室的过道从房门口斜着向下，直通到小河里。

现在，水鼠已经为自己准备好了一套舒适而又暖和的冬季住宅，这套住宅离水较远。它建在一个

长着很多草墩的草场上，里面有很多条一百多步长的过道，一直通到住所里来。

这套住宅还有间卧室，里面铺满了柔软而暖和的草，而卧室就建在一个很大的草墩的正下方。

储藏室和卧室之间，由特别的过道连接起来。

储藏室里东西的摆放都有严格的规矩。水鼠从田里和菜园里偷来的豌豆、蚕豆、葱头和土豆等，都被**分门别类**（把一些事物按照特性和特征分别归入各种门类）整齐地摆放在储藏室里。

名师讲堂

向读者们介绍了水鼠是如何分门别类地储藏食物的。

松鼠的晒台

松鼠在树上筑了几个圆圆的巢，它选择其中一个圆巢做仓库，把在林子里收集来的小坚果和球果摆放在里面。

除此之外，松鼠还采集了一些蘑菇、油蕈和白桦蕈。它把蘑菇穿在折断的松枝上晒干。到了冬天，它就可以在找不到食物的时候，用干蘑菇充充饥。

名师讲堂

解释说明了松鼠将蘑菇晒干的原因。

活的储藏室

姬蜂给它的孩子找到一个神奇的储藏室。

姬蜂振翅膀的速度很快。它的一双眼睛长在向上卷的触角下，非常敏锐。它还有一个非常纤细的腰，把它的胸部和腹部分成两截；腹部下面的尾巴尖处，有一根又细又直的尾针，就像我们用来缝衣服的针。

夏天，姬蜂抓到一条又肥又大的蝴蝶幼虫，立刻扑上去，把尾尖刺进幼虫的身体里，幼虫晕了过去，于是姬蜂在幼虫身上钻了个小洞，并在这个小洞里产下了一个卵。

姬蜂飞走后，蝴蝶幼虫很快就从惊吓中清醒过来，很快它又开始**若无其事**（像没有那回事一样，形容遇事沉着镇定或不把事情放在心上）地吃树叶。秋天来临的时候，幼虫结了茧，变成了蛹。

这时，在蛹的里面，姬蜂的幼虫也从卵里孵出来了。这只坚固的茧看起来又暖和又安全，而且里面的食物足够姬蜂幼虫吃上一年了。

当夏天再来临的时候，茧被打开了，可是，从里面飞出来的并不是蝴蝶，而是一只身子又细又长、全身呈现黑红黄三个颜色的姬蜂。姬蜂是我们人类的朋友，因为它是许多害虫幼虫的天敌。

自己就是储藏室

许多野兽并不会特意给自己安排一个储藏室，因为它们本身就是储藏室。

在秋天这几个月里，它们本着想吃多少就吃多少的原则，使劲儿把自己吃得肥肥胖胖的。布满全身的脂肪——它们的储藏室——就在这层脂肪里面。脂肪就是它们用来过冬的食物。脂肪在皮下积成厚厚的一层。寒冬里它们找不到东西可吃的时候，脂肪就会透过肠壁，渗到血液中去。血液再把养料输送到整个身体，足可以使它们不被饿死。

熊呀，獾呀，蝙蝠呀以及其他大大小小的野兽，都是这样做的。这样，整个冬天它们都可以安心地埋头大睡了，因为它们的脂肪在体内不停燃烧着，使寒气不至于渗透到身体里面去。

解释说明了在冬季脂肪对野兽的重要作用，照应前文。

贼偷贼

森林里的长耳猫头鹰是个狡猾的惯偷，可是它自己竟被另一个贼给偷了。

单从外表上看，长耳猫头鹰长得和雕鸮差不多，只是小了一号。它的嘴巴像个钩子，几撮羽毛在头上竖起来，一双眼睛又大又圆。不管夜有多么黑，这双眼睛什么都看得见，它的耳朵什么都听得清。

老鼠在枯叶堆里刚刚发出窸窸窣窣的响动，长耳猫头鹰就已经近在眼前。只听"嗖"的一声，老鼠就已经魂飞天国了。小兔在空地上一闪而过，这个夜强盗就已经飞到它的上空，又是"嗖"的一声，兔子已死在了它的一双利爪之下。

它喜欢把死老鼠拖回自己的树洞里去。即使自己不吃，也不留给别人吃。就这样一直留着，等冬天找不到东西时再吃。

白天，它就待在树洞里，守着自己储存的食物；夜里，则飞出去打猎。期间它还常常飞回树洞，去看看自己的东西还在不在。

开篇设置悬念，引起读者的阅读兴趣。

此处的描写表现出了长耳猫头鹰捕食猎物的敏捷与迅速。

183

有一天,它突然注意到,自己储备的食物好像有少的迹象。它的眼睛相当敏锐,所以,虽然它根本不会数数,但它可以用眼睛盘算食物的体积。

一天,当黑夜再次降临,饿了一天的猫头鹰像往常一样飞出去打猎。

等它回来一看,树洞里一只老鼠都没有了,只剩下一只长度和老鼠差不多的灰色小野兽,趴在那里一动不动。

它想立刻用爪子抓住那只小野兽,好好审问一番,可是,小野兽早已快速蹿过树洞底下的一条裂缝,飞也似的跑远了。它嘴里竟然叼着一只小老鼠呢!

猫头鹰紧追了过去,差不多要追上了,可是,它定睛一瞧,就立刻决定放弃与敌人争夺老鼠的想法。原来,这个小偷竟是只凶猛的伶鼬。

伶鼬专靠抢劫为生。虽然它看起来是比较小的野兽,可是既勇敢又灵活,所以连猫头鹰也不放在眼里。要是谁被它一口咬住胸脯,可就甭想再挣脱了。

夏天又来了吗?

这里的天气,如果到了冷的时候,风就像冰做成的刀一样刺骨;但有时候也会出太阳,这时,天气就会变得暖和,使人们恍然感觉像是夏天突然间回来了。

草丛下面,黄澄澄的蒲公英和樱草花探出了头;蝴蝶在空中**轻盈**(姿态、动作轻巧优美)地飞舞;蚊虫像一根轻飘飘的柱子似的,在空中来回地转。不知打哪儿飞来一只小巧玲珑的鹡鸰,它翘起尾巴欢快地唱起了歌。歌声是那么热情,那么嘹亮!

从高大的云杉树上,传来了柳莺柔婉、悦耳的歌声,那声音听起来是那样深沉悲伤,就好像雨滴轻声敲打着水面:"敲,清,卡! 敲,清,卡!"

如果你听到这歌声,你就会暂时忘记冬天已经快来了这件事儿。

🔍名师讲堂

生动形象地写出了蝴蝶在空中飞行的美丽姿态。

🔍名师讲堂

通过为人熟知的声音比喻,让抽象多变的歌声变得直观可感。

受惊了

池塘,连同池塘里的居民,都被冰层覆盖起来了。可是有一天,温度突然升高,冰面都融化了。于是,人们决定清理一下池底,他们从池底挖出一大堆淤泥。干完活,大家就离开了。

阳光很耀眼,烘烤着大地,烤得泥堆很快散发出

185

名师讲堂

设置悬念，引起读者的阅读兴趣。

水蒸气。忽然，一团淤泥竟然动弹起来了，散落出许多小的泥团。只见这些泥团蹦跳着离开泥堆，就在那原地来回打着滚儿。咦，这到底是怎么回事儿？

突然，从一个小泥团里露出一条小尾巴。尾巴抖动着抖动着，忽听"扑通"一声，又跳回池塘里去了。紧接着，第二个小泥团、第三个小泥团，也跟着它跳了下去。

可是，另一些小泥团，却伸出小腿儿，从池塘边跳着离开了。真奇怪！

名师讲堂

解答悬念，原来这些小泥团儿是鲫鱼和青蛙。

不，它们显然不是真正的小泥团儿，而是些满身裹着烂泥的鲫鱼和青蛙。

它们是天气转冷后钻到池塘的淤泥里去过冬的。人们把它们和淤泥一起挖了出来。太阳晒热了淤泥堆，鲫鱼和青蛙都活了过来，并且开始跳跃打滚了。于是，鲫鱼跳回到池塘了；而青蛙呢，它要寻找更安静的地方，免得下次睡得正香的时候，再被人给挖出来。

名师讲堂

向读者们介绍了青蛙的目的地——一个更大、更深的池塘。

现在，几十只青蛙好像彼此商量好了似的，都朝同一个方向跳了过去。那边还有个池塘，就在打麦场和大路的对面，比先前这个更大、更深。很快，青蛙们已经跳上了大路。

但是，在深秋的天气里，太阳的片刻温暖一点儿都不可靠。

名师讲堂

对天气进行描写，暗示了这些青蛙们悲惨的命运。

不一会儿，乌云把太阳遮住了，它还带来了寒冷的北风。那些赤身裸体的小旅行家们被冻得要命，它们挣扎着又蹦了几下。很快，脚被冻僵了，血也凝固了，这下子它们再也蹦不了了，就这样被冻死在大

路上了。

所有蹦到这儿的青蛙都冻死了。

所有的青蛙，头都朝着一个方向，即对着大路那边的大池塘。那个大池塘里有能救命的温暖淤泥。

真害怕呀

秋天里，树上的叶子都掉光了，森林变得稀稀疏疏的。

森林里，有一只小白兔躺在灌木丛下，身子紧贴着地面，两只眼睛惊慌地四下里张望。它心里害怕极了，周围静悄悄的，只有树叶发出不一样的沙沙声……

难道是老鹰在树枝上扑打翅膀？或是狐狸的脚踩在落叶上？

而它——小兔子，毛色正在变白，上面长着斑点。它正耐心地等待着下头一场雪。周围是那样明丽鲜亮，这个季节里，森林像个五颜六色的万花筒，地面上到处散落着黄色、红色或是棕色的落叶。

这个时候，如果猎人突然来了怎么办？

要立刻跳起身来逃跑吗？可是，该往哪儿跑呢？干枯的叶子会在脚下沙沙乱响，就像踩在铁片上一样，搞不好会被自己的脚步声吓死。

小白兔仍然躺在灌木丛下**胡思乱想**(指没有根据，不切实际的瞎想)着，它把整个身子藏在青苔里，贴在一个白桦树墩上，动也不动，大气也不敢出，只有两只眼睛滴溜溜转着，东瞅瞅西望望。

好可怕呀！

名师讲堂

运用拟人的修辞手法，赋予小兔子人的思维和动作，妙趣横生，引起读者对小兔子的喜爱之情。

名师讲堂

运用比喻的修辞手法，展现出秋季森林的美丽。

名师讲堂

生动地描绘出一只在秋冬交替之际战战兢兢的小兔子形象。

187

红胸小鸟

夏天，我经过森林，听见茂密的草丛里好像有个什么东西在跑。我先是吓了一跳，接着，慢慢缓过神来，开始仔细观察草丛。原来是一只小鸟被青草绊住了脚，出不来了。这只小鸟个儿不大，身上都是灰色的羽毛，只有胸脯是红色的。我不费**吹灰之力**（比喻极轻微的力量）就抓住了它，高兴地把它带回了家。

到家后，我给它喂了点面包屑吃。它吃饱了，高兴了起来。我又给它做了个笼子，每天捉小虫给它吃，就这样，它在我家里住了整整一个秋天。

可是不久后，不幸的事发生了。有一次，我出去玩，忘了把笼子的门关好，它竟然被我家的猫吃掉了。

我很爱这只小鸟，甚至为此大哭了一场。可是除此之外，我还能做什么呢？

星鸦之谜

在我们这儿的森林里，有一种乌鸦，它们比普通的灰乌鸦小一点儿，浑身长着斑点。我们管它们叫星鸦，西伯利亚人管它们叫做星乌。

星鸦采集松子，放到树洞里或者树根底下，准备

入冬后再吃。

冬天，星鸦就是靠这些食物从一个地方飞到另外一个地方，从这座森林飞到那座森林。

它们吃的都是自己贮藏的食物吗？不，不是的。每一只星鸦吃的，都不是它自己贮藏的松子，而是它的亲戚贮藏的。当它们飞到一片小树林里，可能那地方它们以前从没去过，它们头一件事儿，就是去寻找别的星鸦储藏在那片树林里的松子。它们会仔细搜索所有的树洞，在树洞里寻找松子。

名师讲堂

运用设问，引起读者注意，启发思考。

藏在树洞里的松子当然好找些。可是，也有些星鸦会把松子藏到树根或灌木丛下面，这可怎么找啊？要知道，冬天里大地都被白雪覆盖了。可是，星鸦们看似随意地飞到某一簇灌木丛边上，拨开下面的雪，就能够准确无误地找到其他星鸦的储备。究竟这些星鸦是怎么知道恰恰是这棵树下面藏着松子的呢？要知道，树林里长着成千上万棵看起来都差不多的乔木和灌木啊。它们到底是靠什么来分辨的呢？

名师讲堂

以提问的方式设置悬念，引起读者的思考。

这一点，我们还不知道。

我们得做一些有趣的试验，弄清楚星鸦究竟是凭借着什么能力在白茫茫的大雪底下轻松找到自己同类的储藏品的。

我逮住了一只松鼠

松鼠每年都操心一件事：夏天要不停地收集粮食，留着冬天吃。

我曾亲眼看见，一只松鼠从云杉树上摘下一个球果，把它拖到洞里去了。我在这棵树上留了个记号。后来，我们把这棵树伐倒了，并把松鼠掏了出来，在树洞里发现了很多这样的球果。我们把松鼠带回家，养在笼子里。一个小男孩把手指头伸了进去，却被松鼠一口给咬穿了。它是那么厉害！我们给它带来许多云杉球果，它非常喜欢吃，不过，它最喜欢吃的还是榛子和胡桃。

我的小鸭

我妈妈把三枚鸭蛋放在了一只母火鸡身下。

到了第四个星期，孵出了几只火鸡和三只小鸭。在它们长大以前，我们一直把它们放在非常暖和的地方。直到外面暖和起来，我们才第一次把它们带到了外面。

我们家附近有一条水沟。小鸭子马上摇摇摆摆地走进沟里，游了起来。火鸡急忙跑过去，担心地大叫："哦！哦！"它看见小鸭子们安静地在水里游着，并没有遇到什么危险，这才放下心来，带着小火鸡走开了。

小鸭子游了没多久，就感觉冷了。它们从水里爬出来，嘎嘎地叫着，浑身发抖，却没有地方取暖。

于是，我把它们放到手里，用手帕盖好，带回屋子里，它们安静了下来。从此，它们和我住在了一起。

每天清早，我都会把三只小鸭从家里放出来。它们会立刻跳进水里，一感觉冷，又马上跑回家来。它们太小——翅膀上的毛还没有长齐呢，还飞不上台阶，只知道叫唤。有人路过，就会把它们拎上来，于是，它们三个就会**径直**（直接，一直朝向；表示直接进行某事，不在事前费尽周折）跑到我房间来，并排站着，一起伸着脖子一个劲儿向我叫唤。有时候我还在睡觉，妈妈就会把它们拎到床上来，让它们钻进我的被窝，跟我一起睡。

🔍**名师讲堂**

　行为描写，生动地描写出小鸭子对"我"的依恋。

临近秋天的时候，它们都已经长大了，我也进城去上学了。妈妈写信告诉我，我的小鸭子们非常想念我，老是哀哀地叫唤。听到了这个消息后，我悄悄地哭了很多次。

🔍**名师讲堂**

　表达了"我"和小鸭子之间深厚的感情。

"女妖的扫帚"

现在，树木都是光秃秃的。上面有一些东西，夏天时你是看不到的。比如远处那棵白桦树，整个树上都像是布满了白嘴鸦的巢。可是等你走近一看，就知道那根本不是什么鸟巢，而是一些黑色的细树枝，向四面八方生长着，它们被叫做"女妖的扫帚"。

🔍**名师讲堂**

　人们为什么给这些树枝取这么奇怪的名字呢？设置悬念。

你们可以回想一下，你知道的任何关于女妖或巫婆的童话。巫婆乘着扫帚杆在空中飞行，或者用扫帚清除自己的痕迹；女妖骑扫帚从烟囱里飞出来。可见，无论是巫婆或女妖，都离不开扫帚。因此，她们就会给各种树施一种魔法，让那些树长出像扫帚

🔍**名师讲堂**

　介绍了"女妖的扫帚"这个名字的由来。

一样难看的树枝。反正，讲童话的人就是这么讲的。

这种说法科学吗？可信吗？答案当然是"不"。事实上，树上会长出这样一束束的细枝，是因为得了一种疾病。这种树生的病，是由一种特殊的扁虱或者是菌类引起的。榛子树上的扁虱又小又轻，风可以把它吹得满树林乱飞。把它吹落在哪棵树的树枝上，它就会钻进那根树枝的胚芽里面，在那里面安居下来。胚芽将来会长成嫩枝，就是带有叶子的胚的茎。扁虱并不去动它们，而只是会去吃芽里面的汁液。不过，因为已经被它们咬伤了，产生了分泌物，于是芽就生病了。等到这个胚芽开始发育的时候，本来娇嫩的枝条就会像变魔术一样快速生长，是普通枝条生长速度的六倍。

病芽会长成一根短短的嫩枝，嫩枝又会生出侧枝。扁虱繁殖的幼虫们会爬到侧枝上，于是侧枝又生出侧枝。就这样，不断地分出侧枝。于是，在原来只有一个芽，本该只长一根枝条的地方，就会生出一把难看的"女妖的扫帚"。

事实上，当这种细菌进入芽里面——寄生菌的孢子——并在里面长大时，就会发生这样的现象。

桦树、赤杨、山毛榉、千金榆、槭树、松树、云杉、冷杉和其他各种乔木、灌木

名师讲堂

作者揭开了事实的真相，普及科学知识。

名师讲堂

解释说明了生病的树木侧枝横生的原因。

名师讲堂

举例说明其他的树木也会长"女妖的扫帚"。

上，都经常会长出"女妖的扫帚"。

活的纪念碑

现在正是植树的好时候。

植树这件事既可以让参与的人感到快乐，又会对大家有益处。在这件事上，孩子们当然不会落后于成人。他们小心翼翼地学着尽量不伤到树根，把冬眠中的小树从土里挖出来，并移植到新的地方去。很快，小树就将从冬眠中醒来，给人们带去无尽的春的喜悦。每一个栽种或者照料过小树——哪怕只有一棵小树的孩子，都是在为自己立了一座难忘的绿色纪念碑，一座永远立在心里的活纪念碑。

孩子们的想法很好。他们想在花园和校园里栽种一些由小树或者灌木丛组成的活篱笆。这些**浓密**（茂密；稠密）的活篱笆不仅能阻挡尘土和白雪，而且还可以引来许多鸟儿。鸟儿在这里能找到可靠的掩护。夏天里，鹡鸰、知更鸟、黄莺和我们一些其他

名师讲堂

作者用简明的文字点评了植树这件事，表明了自己的态度。

名师讲堂

讲述了在花园和校园里栽种活篱笆的好处。

的好朋友——益鸟,将要在这些活篱笆里筑巢、孵雏鸟,它们会积极地保护花园和菜园,让它们免遭害虫和其他昆虫的侵犯。它们还将用自己最悦耳动听的歌声,让我们大饱耳福。

一些少先队员在夏天的时候去了克里木,从那里带回来一种很有趣的灌木——列娃树的种子。春天,他们用这些种子种出了一个出色的活篱笆。这种篱笆上不得不挂个牌子——"请勿用手触摸!"这是一种杀伤性很强的灌木,它不会放过任何企图穿越它缝隙的人或动物。因为列娃树可以像刺猬一样扎人,像猫一样抓人,像荨麻一样灼人。让我们看看,什么鸟会选中这个严厉的看守来作为自己的保卫者呢?

候鸟飞走过冬去了(结束)

候鸟迁徙的秘密

为什么有的鸟一直向南飞,有的鸟向北飞,有的鸟向西飞,有的鸟却要向东飞?

为什么有的鸟要一直等到大雪纷飞、万里冰封,实在找不到东西可吃的时候,才会离开我们?而有的鸟——比如雨燕——却每年都在固定的日期离开我们?那个固定的日期通常是很准时的,虽然它们离开的时候,往往周围还有许多可以吃的食物。

重要的是,它们究竟是怎么知道秋天该往哪儿飞,去哪儿过冬,又该沿着什么路线飞行的呢?

事实就是事实。比如说,春天,在莫斯科附近,

名师讲堂
设置悬念,引起读者的阅读兴趣。

名师讲堂
运用排比句形象地描写出了列娃树的"有趣"。

名师讲堂
设置疑问,目的在于引起读者的注意和思考。

从蛋里孵出一只雏鸟,它在冬天来临的时候就会飞
到南非洲或印度过冬。我们这儿还有一种小游隼,
它飞行速度很快,可以从西伯利亚一直飞到世界的
尽头,再飞到澳大利亚。在澳大利亚住一段时间,又
会飞回到我们西伯利亚,在我们这儿度过春天。

不是那样简单

可能你会说,这再简单不过了,既然鸟儿有翅
膀,那还不是想飞到哪儿,就飞到哪儿啊!在这儿待
着又冷又饿,那当然就拍拍翅膀,朝着稍微南边一点
儿,感觉更暖和一点儿的地方飞去。如果到了那儿
天气也冷了起来,那就再飞远一些。总之,随便找一
个气候适宜、食物丰富的地方去过冬。

实际上,当然不是这么简单!不知道出于什么
原因,我们这里的朱雀会飞到印度去过冬;而西伯利
亚的游隼却沿途经过印度河,一路上会路过不下几
十个适合过冬的炎热国家,一直飞到澳大利亚去。

这就是说,促使候鸟越过高山,飞过海洋,飞到
遥远的国度的原因,并不只是像饥饿和寒冷这么简
单,那可能是鸟类的一种**与生俱来**(表示个人的特别、
不可替代性,一生下来就是如此)、非常复杂、难以摆脱、
也无法去控制的一种感觉。

大家都知道,在远古的时候,我们国家的大部分
地区都不止一次遭受过冰川气候的侵袭。到处死气
沉沉的冰河以排山倒海之势,迅速覆盖整片平原,之
后又慢慢地退却了,这个过程整整持续了数百年。
后来,冰河又卷土重来了,几乎毁灭了所到之处的一

名师讲堂

开篇点题,引
出下文。

名师讲堂

转折句,目
的在于突出后面
所讲的内容。

名师讲堂

设置悬念,
引起读者的阅读
兴趣。

名师讲堂

对自然环境
进行描写,推动
情节的发展。

195

切生物。

但鸟儿的翅膀救了它们的命,头一批飞走的鸟儿,占据了最靠近冰河岸边的土地;下一批飞得离岸边更远一些;再下一批更远更远。总之,就好像玩跳背游戏似的。等到冰河退却的时候,被冰河赶出家门的鸟儿,又**长途跋涉**(形容路途遥远,行路辛苦)返回自己的故乡。飞得不远的,最先回来;飞得远一些的,下一批回来;飞得更远一些的,再下一批回来——跳背游戏的顺序又倒了过来。不过,这个跳背游戏"玩"得可够慢的——跳一次要好几千年!在这巨大的时间间隔里,鸟儿养成了一种习性:秋天,在天气寒冷的时候,离开自己的家乡;春天,天气暖和的时候,再回到那里去。这样一种习性,经过千年的磨砺,变得"刻骨铭心",于是就被长期保留了下来。因此,候鸟每年都会由北向南飞。还有个事实也证明了这个猜测——在地球上冰河没有侵袭过的地方,几乎没有候鸟会随着气候的变化而长途跋涉地大规模迁徙。

其他原因

其实,秋天鸟儿并不一定都是向南——向温暖的地方迁徙,有些鸟类也向其他的地方飞,甚至有的会向北——向最寒冷的地方飞。

有些鸟儿离开故乡,就是因为没有什么东西可吃,饥饿难忍,因为这里的大地被雪厚厚地覆盖了,

名师讲堂

过渡句,承上启下。

名师讲堂

在文章的末尾解答疑问,揭示真相。

名师讲堂

向读者们介绍了有些鸟儿离开故乡的原因。

水也被冰冻
起来了。只要大地出现一点
儿融化的迹象,白嘴鸦、椋鸟、
云雀等,就会马上飞回来;只要江河湖泊上有一点点
融化后的水,鸥鸟和野鸭也就重新出现了。

　　绵鸭无论如何也不会留在干达拉克沙禁猎区过
冬,因为冬天白海会被厚厚的冰层覆盖,什么食物也
找不到。它们就会往北方飞,因为那里有温暖的墨
西哥暖流流过,虽然是更北的地方,可是那里的海水
一冬都不会冻结。

　　在冬天,从莫斯科向南走,很快就到了乌克兰。
在那里,我们可以找到我们的老相识,白嘴鸦、云雀
和椋鸟。这些鸟儿只不过飞到了比留鸟——云雀、
灰雀、黄雀等稍远一点的地方去过冬。在我们当地,
过冬的鸟儿通常都被称为留鸟。而且,有许多留鸟
并不是一直居住在一个地方,它们也同样要迁徙。
只有城里的麻雀、寒鸦、鸽子,森林和田野里的野鸡,
才会一年四季都住在同一个地方;其余的鸟儿只是
有的飞得近些,有的飞得远点儿。到底怎么判断哪
一种鸟是真正的候鸟,哪一种鸟只是简单的移栖呢?

　　比方说朱雀,这种红色的金丝雀,就不能说它是
候鸟。朱雀和黄鸟一样,朱雀会飞到印度去,黄鸟会

　　🔍师讲堂

　　解释说明了
绵鸭飞往北方过
冬的原因。

　　🔍师讲堂

　　点明了有很
多留鸟也是会迁
徙的。

　　🔍师讲堂

　　以提问的形
式吸引读者的阅
读兴趣。

飞到非洲去过冬。它们不属于候鸟的原因是,它们跟别的候鸟不一样,它们并不是因为冰河的侵袭和退却而迁徙,它们的迁徙有别的原因。

雌朱雀看起来跟普通麻雀没什么分别,只不过头和胸部长着鲜红颜色的羽毛。令人惊奇的是黄鸟,它浑身上下都是纯金色的,却有两只黑翅膀。你不由得会想:"这些鸟儿简直是穿着华服啊!在我们这儿,它们真的算是本地鸟吗?它们会不会是来自遥远的热带国家的客人?"

你猜得没错,很可能就是这样。黄鸟是典型的非洲鸟,朱雀是印度鸟。也许情形可以这样解释:在它们的故乡,像它们那样的鸟儿越来越多,因此年轻的鸟儿不得不为自己寻找新的可以居住和孵小鸟的地方。于是,它们开始集体向北方迁徙,因为在那里鸟儿不多,而夏天也不算冷,甚至连刚出生的光溜溜的雏鸟,都不会被冻坏。等到它们感觉挨饿和受冻的时候,可以再返回故乡,这时候那里的雏鸟也已经孵了出来,大家和睦地群居在一起,鸟儿是不会赶走同类的。到春天,再飞到北方去。飞去又飞回,飞去又飞回,就这样周而复始过了几千几万年,于是养成了迁徙的习惯:黄鸟往北飞,经过地中海飞到欧洲;朱雀则从印度往北飞,经过阿尔泰山脉和西伯利亚,然后再往西飞,经过乌拉尔再继续飞。

关于鸟儿迁徙习惯的形成,还有另外一种观点:因为某些鸟类逐渐控制了新的领地。比方说朱雀,最近几十年来,我们眼看着这种鸟越来越往西迁徙,都快迁徙到波罗的海边上了。然而,冬天它们还是照旧返回故乡印度去。

这些关于鸟儿迁徙的假说,说明了一些问题。不过,迁徙问题的谜底,还有很多没有解开。

乡村日记

拖拉机不再"轰轰"地响了。集体农庄的亚麻分类工作已经结束,最后几批装着亚麻的货车也开向城市了。

名师讲堂

拖拉机停止了轰鸣,暗指秋收已经结束了。

现在,集体农庄的庄员们已在考虑下一年种什么的问题了,人们在考虑是否该种那些由选种站培育出来的黑麦和小麦的优良新品种。

此时田里的活儿比较少了,家里的活儿变多了。人们现在把注意力都集中在家畜上了。牛羊都被赶进了畜栏,马也都被赶进了马厩。

名师讲堂

过渡句,承上启下。

庄稼收完了,田野也就空了。一群群灰山鹑,开始向农舍靠拢了。它们有时在粮仓附近过夜,有时甚至还会飞到村庄里。

打山鹑的季节已经过去了。有枪的人们现在都开始打兔子了。

名师讲堂

解释说明了山鹑敢向农舍靠近的原因。

农场新闻

昨天

胜利集体农庄的养鸡场灯火通明(形容灯火将黑夜映照得非常明亮)。如今白昼短了,所以人们决定每晚用灯光照明的方法延长鸡群的散步时间和进食时间。

这些鸡高兴极了。灯光一亮,它们马上就扑到炉灰里洗"干浴"。一只特别喜欢寻衅滋事的大公鸡，歪着脑袋瞅着电灯泡说："咯！咯！你要是挂得再低点，我一定要啄你一口！"

美味的干草末

名师讲堂

向读者们介绍了干草末的用途与制作干草末的原料。

干草末是一切饲料中最棒的调味料，它是用上好的干草磨制的。

你要是想让吃奶的小猪快点长大的话，那就让它吃干草末吧！你要是想让母鸡天天下蛋的话，也喂它干草末吧！这样它就会"咯咯哒！咯咯哒"地向你邀功的。

来自果园的报道

名师讲堂

表现出了果农们对苹果树的喜爱。

名师讲堂

解释说明了果农们给苹果树刷上石灰的原因。

果农们正忙着修整苹果树呢。先要把苹果树收拾干净，打扮得漂漂亮亮的。它们身上现在除了苔藓这个灰绿色的胸饰以外，什么都没有了。果农从苹果树上取下苔藓，因为那里是害虫的藏身地。果农们还要给树干和靠近地面的树枝刷上石灰，免得苹果树再遇到虫害，夏天防晒，冬天还保温。现在苹果树穿上这身朴素的衣裳，显得特别漂亮。难怪工作队的队长开玩笑说："我们打扮好苹果树，让它们好好过节！我还要带上这些好看的苹果树去游行呢！"

百岁老人也能采的蘑菇

　　我们的记者去黎明集体农庄采访一位名叫艾库丽娜的百岁老婆婆，但她不在家。艾库丽娜老婆婆的家人说，老人去采蘑菇了。老婆婆回来的时候，带回了满满一口袋蜜环口蘑。她说："人们本来就很难发现那些单个生长的小蘑菇。我人老眼花，更是看不见了。可是我采回来的蜜环口蘑，只要看见一朵，在那一朵周围就有一大片。我就愿意采这种蘑菇。它们总喜欢往树墩子上爬，这样就更<u>显眼</u>（明显而容易被发现）了。这种蘑菇最适合我这样的老人采！"

　　名师讲堂

　　设置悬念，目的在于引起读者的阅读兴趣。

　　名师讲堂

　　结尾点题，呼应开头，使文章浑然一体。

冬前播种

　　在劳动者集体农庄，菜农们正在播种莴苣、葱、胡萝卜和香芹菜。

　　种子被人们撒在冰冷的土里。工作

队队长的孙女说自己听见种子的唠叨声:"你们播种也没有用,天气这么冷,反正我们发不了芽!你们爱发芽,就自己去发吧!"

其实,人们之所以选择在这个时候播种,就是因为种子在秋天的时候是不能发芽的。

可是到了春天,这批种子就会早早发芽,早早成熟。人们也就能早点收获莴苣、葱、胡萝卜和香芹菜了,这可是一件好事哦!

尼娜·巴南洛娃

集体农庄的植树周

全国各地都进入植树周了。苗圃里有大批已经预备好的树苗。全国各地的集体农庄都在开辟面积达几千公顷的新果园和新浆果园。人们将要把成千上万棵苹果树、梨树及其他果树栽在院子旁。

城市新闻

在动物园里

动物园里的鸟兽们从夏天的露天住宅搬到冬季住宅里了。它们那带着栅栏的笼子非常暖和。因此,任何野兽都不打算用漫长的冬眠来熬过寒冬了。

鸟儿也没有飞到笼子外。它们在一天之内就体会到,人们将它们从寒冷之处搬到暖和之处了。

没有螺旋桨的飞机

最近这段日子，城市上空总会盘旋着一些奇怪的小飞机。

行人常会在街心停住脚步，抬起头惊讶地望着这些缓慢盘旋的小东西。他们在谈论着：

"你看到了吗？"

"看到了，看到了。"

"真奇怪，为什么我们听不到螺旋桨的声音？"

"也许是因为它飞得太高了？您看，它们显得多么小啊！"

"它们降下来了，怎么还是听不见螺旋桨的声音呢？"

"那是为什么？"

"可能是因为它们根本就没有螺旋桨。"

"怎么能没有螺旋桨！莫非这是一种新型飞机？这是什么型号？"

"您开什么玩笑！列宁格勒怎么会有雕！"

"有的。这种雕叫做金雕。它们此时正在向南迁徙。"

"原来是这样啊！我也看清楚了，的确是雕在盘旋。如果你不说，我还真以为那是飞机呢。它们也不扇一下翅膀，真是太像飞机了！"

快去看野鸭

最近这几个星期以来，涅瓦河上的思密特中尉桥边，以及彼得罗巴甫洛夫斯克要塞附近的一些地方,常出现许多颜色和身形都非常怪异的野鸭。

有像乌鸦那么黑的黑海番鸭,有钩嘴、翅膀上带着白斑点的斑脸海番鸭,有杂色的、尾巴像小棒似的长尾鸭,还有黑白两色相间的鹊鸭。

它们一点都不怕城市的喧闹声。

即便**乘风破浪**（船只乘着风势破浪前进。比喻排除困难,奋勇前进）的黑色蒸汽拖轮迎面向它们驶来,它们也没有感到害怕,只是往水里一钻,然后又从几十米外的地方钻出水面。

这些野鸭都是沿着海上飞行线迁徙的候鸟。它们每年路过列宁格勒两次,一次是春天,一次是秋天。

当拉多加湖的冰块漂流到涅瓦河里的时候,它们就会飞走的。

名师讲堂

点明了这些野鸭经过列宁格勒的时间。

老鳗鱼的最后一次旅行

秋天到了,地面和水底都有了寒意。

河水变凉了。老鳗鱼开始了最后一次旅行。

它们从涅瓦河动身,途经芬兰湾、波罗的海和北海,一直游到大西洋。

它们就这样告别了生活了一辈子的涅瓦河,奔向几千米深的海洋——它们的葬身之处。

名师讲堂

指明老鳗鱼们的"旅游"路线,突出了路线之长。

不过死之前,它们要在海洋深处产卵。海洋深处并没有我们想象中那么冷,那里的水温约有7摄氏度,不久后鱼子在那里就会长成像玻璃一样透明的小鳗鱼。

几十亿条小鳗鱼将会踏上漫长的旅程,用三年的时间游进涅瓦河口。

名师讲堂

运用比喻的修辞手法,形象地表现出了小鳗鱼的身体特征。

猎事记

秋猎

在一个清新的秋天早晨，有个猎人扛着枪去郊外打猎。他牵着两条猎犬，这两条猎犬是用短皮带紧紧拴在一起的，它们很壮实，前胸很宽，黑色的皮毛里夹着棕黄色斑点。

名师讲堂

简要介绍了两条猎犬的外形特征。

猎人走到小树林边，解开拴着猎犬的皮带，放它们去小树林寻找猎物。两条猎犬都蹿向了灌木丛。

猎人悄悄地沿着树林边向前走，走野兽经常走的小路。

他在灌木丛对面的一个树墩子后面停住了，那儿有一条隐隐约约的小路，直通林子下面的小山谷。

他还没站稳，就听见了猎犬的叫声。

这说明它们已经发现野兽的踪迹了。先叫的是老猎犬多贝瓦依，它的叫声低沉、**喑哑**（发声低而不清楚）。年轻的猎犬札利瓦依也跟着汪汪地叫了起来。猎人一听猎犬的叫声就明白了，这两条猎犬在

206

轰兔子出来。秋天的地面,被雨水淋得全是烂泥。现在这两条猎犬正在这黑乎乎的烂泥地上,嗅着兔子的足迹,跟踪追赶着兔子。

它们与猎人的距离忽远忽近,因为兔子在不停地兜圈子。叫声近了,猎犬正把兔子往猎人这边赶。傻瓜!别发呆了,兔子不就在那里嘛!它那棕红色的皮毛不是正在山谷里一闪一闪的嘛!

但猎人没抓住机会……

可你瞧那两条猎犬!多贝瓦依在前面,札利瓦依伸着舌头跟在它后面。它们俩在山谷里紧紧地追着兔子。

哼,没关系,兔崽子,我的猎犬还会把你追回树林里来的。多贝瓦依是一条好胜心强的猎犬,只要它发现了兽迹,就会一追到底,不达目的誓不罢休。它是一条训练有素的好猎犬啊!

两条猎犬追啊追!只见兔子兜着圈子跑,又被追到树林里来了。

猎人心想:"反正兔子还会跑回这条小路上来的。这回我一定要抓住机会!"

突然间周围没了动静……后来……只听见两条猎犬一条在向东叫,一条在向西叫。

名师讲堂

动作描写,形象地表现出了兔子的狡猾。

名师讲堂

动作描写,刻画出了两条猎犬忠诚、尽责的形象。

名师讲堂

设置悬念,吸引读者继续往下阅读。

207

咦！这是怎么回事呀？

不一会儿，带头的老猎犬不叫了。只有扎利瓦依自个儿在叫。

又过了一会儿，札利瓦依也不叫了。

猎人正在瞎自疑惑，带头的猎犬多贝瓦依又开始叫了，不过这回它的叫声跟刚才不太一样，比刚才要激烈，而且有些喑哑。札利瓦依也尖着嗓子，上气不接下气地叫了起来。

莫非它们发现了另外一只野兽的踪迹？

是哪种野兽的呢？反正肯定不是兔子的。

可能是红色的……

猎人赶快换上了子弹，装上了最大号的霰弹。

一只兔子蹿过小路，跑到田野里去了。

猎人看见它了，却没有举枪。

猎犬的叫声越来越近了。它们不停地叫着，一条发出嘶哑的怒号，一条发出激烈的尖叫……突然间，灌木丛里闪过一只有着火红的脊背、白胸脯的动物，冲到刚才兔子蹿过的那条小路上来了，它径直向猎人冲了过来。

猎人把枪举了起来。

那野兽发现了猎人，它急得直甩自己那蓬松的尾巴。

可惜太晚了！

"砰！"被子弹打中的狐狸向上一蹿，然后又直挺挺地摔到地上了。

猎犬从树林里跑了出来，疯狂地向狐狸扑了过去。它们咬住狐狸火红色的毛皮，使劲地撕扯着，眼

看着就要把这张皮撕破了!

"放下!"猎人厉声制止它们,奔过去赶紧从猎犬嘴里夺回了宝贵的猎物。

　　动物和植物们都在提前为冬季做准备,我们在学习上也应该如此,如果在平时不愿意好好学习,总想着"临时抱佛脚",是无法取得好成绩的。

密密麻麻　若无其事　吹灰之力　长途跋涉

　　小白兔仍然躺在灌木丛下胡思乱想着,它把整个身子藏在青苔里,贴在一个白桦树墩上,动也不动,大气也不敢出,只有两只眼睛滴溜溜转着,东瞅瞅西望望。

1."女妖的扫帚"指的是什么?

2.星鸦吃的是自己储藏的食物吗?

　　冬天快到了,寒风在森林里肆虐,有的河水已经结冰了;啄木鸟收集球果里的籽塞在树缝里;果农们为了防止小动物祸害果树,用稻草和云杉树枝将所有小果树都包扎起来……

冬日渐临月

森林中的大事记

莫名其妙的现象

　　我今天扒开了雪,查看了我的那些一年生的植物。它们的生命期就只是一个春天、一个夏天和一个冬天。

　　可是今年秋天我才发现,它们并不是全都枯死了。现在已经是十一月了,可还有许多草是绿色的呢!雀稗也还顽强地活着。这是乡村里常见的一种生长在房前的草。它的小茎交织在一起,铺在地上(人们常会毫不留情地用它来蹭鞋底),它的小叶子长长的,它那粉红色的小花不是很醒目。

　　矮矮的、能把人刺伤的荨麻也还活着。夏天的时候荨麻很烦人,当人们在田里除草的时候,双手会被它刺出水疱来。可是在十一月里看到它会令人觉得很愉快。

蓝堇也还活着呢。你还记得蓝堇吗？它是一种好看的小植物，长着微微散开的小叶子，开着细长的粉红色小花，花尖儿的颜色很深。人们常能在菜园里看到它。

上述这些一年生的植物都还好好地活着呢。不过一到春天它们就会枯死了。那它们何必非要在雪下生活呢？该如何解释这种现象呢？这个问题有待考察。

尼娜·巴南洛娃

森林里并不是死气沉沉的

寒风在森林里肆虐。光溜溜的白桦树、白杨树和赤杨树在风中摇摇晃晃，沙沙作响。最后一批候鸟急匆匆地离开了故乡。

我们这里的夏鸟还没走完，冬天的客人就已经来了。

鸟儿们各有各的习性和趣味：有的把高加索、外高加索、意大利、埃及和印度当作越冬地；有的鸟儿宁愿留在本地过冬，可能它们觉得我们这儿的冬天也很暖和，也能吃得很饱。

会飞的花

赤杨那黑乎乎的枝条就那么惨兮兮地戳在树干上，显得好凄凉啊！光溜溜的枝条上没有一片叶子，地上的青草也都变黄了。懒洋洋的太阳也很少从灰色的云团后露出脸来。

名师讲堂

运用了拟人的修辞手法，形象地描写出了冬日阳光的稀少。

但是，生在沼泽地上的赤杨枝条也有美滋滋的时候，因为忽然有许多五彩缤纷的花儿，在日光的照耀下翩翩起舞。这些花儿大得出奇，白的、红的、绿的，还有金黄的。有的落在赤杨枝条上；有的粘在白桦树的树皮上；有的掉在地上；有的飘在空中。落在树上时就像一些炫目的斑点；飘在空中时就像颤抖着艳丽翅膀的小精灵。

它们发出芦笛般的声音，彼此呼应，**一唱一和**（一个先唱，一个随声应和。原形容两人感情相通。现也

比喻二人互相配合，互相呼应）。它们从地面飞向树枝，又在树木之间穿行。它们是什么？是从哪儿来的？

来自北方的鸟儿

这些来自遥远的北方的小鸣禽，是来我们这里过冬的客人。有红胸脯的朱顶雀、烟灰色的太平鸟，它们的翅膀上长着五道红羽毛，就像五根手指头似的，它们的头上也有一撮冠毛；有深红色的松雀；有绿色的雌交喙鸟和红色的雄交喙鸟；还有黄、绿色相间的黄雀；有着黄羽毛的小金翅雀；胖胖的灰雀。而我们当地的黄雀、金翅雀和灰雀都去较暖的南方过冬了。上述这些鸟，都是来自寒冷北方的鸟。现在的北方特别冷，所以到了我们这儿，它们就觉得挺暖和的了！

黄雀和朱顶雀都吃赤杨的籽和白桦的籽；太平鸟和灰雀吃花楸果和其他浆果；交喙鸟吃松子和云杉子。到我们这儿过冬的客人都能吃得饱饱的。

来自东方的鸟儿

矮小的柳树上突然出现了一些小精灵，从远处看，就像柳丛里开出了华丽的白玫瑰花似的。这些"白玫瑰"在灌木丛中飞来飞去，转来

名师讲堂
在文章的结尾处采用发问的方式，引起读者的特别重视。

名师讲堂
分别介绍了几种来自北方的鸟儿的外形特征。

名师讲堂
意在表明作者所处的地域植物品种丰富。

转去,伸出它那黑钩般的细长脚爪,东抓抓,西挠挠,在空中扑扇着花瓣似的小白翅膀,于是空中荡漾着娇柔的啼啭声。

它们就是白山雀。

这种鸟儿不是从北方飞来的,而是从东方飞来的,它们的故乡是风雪肆虐的西伯利亚,此时早已进入寒冬,深雪早也把矮小的柳丛埋起来了。这些鸟儿越过**连绵不断**(形容连续不止,从不中断)的乌拉尔山脉,来到我们这里过冬。

该睡觉了

大片的云团把太阳遮了个严严实实。湿漉漉的灰色雪花从天上飘落下来。

一只胖胖的獾气咻咻地哼着,一跛一拐地走向自己的洞口。它很不高兴:森林里满地泥泞,潮湿的土地让它浑身不舒服。现在该钻到它在地下的那个干燥、整洁的沙洞里了,也该躺下来睡个懒觉了。

羽毛蓬松的小型乌鸦——嗓鸦此时正在林子里打架斗殴呢。它咖啡色的羽毛湿淋淋的,在打斗的时候竖了起来,它们正厉声尖叫着。

一只老乌鸦突然在树顶上大叫一声。原来它看到远处有一具不知是什么野兽的尸体。它扑扇着发亮的蓝黑色翅膀,飞向它的美食。

林子静悄悄的。灰色雪片落在黑乎乎的树枝和褐色的土地上。大地上的落叶渐渐腐烂了。雪越来越大,鹅毛大雪倾泻下来,将黑色的树枝和褐色的大地都掩盖了……

我们列宁格勒的沃尔霍夫河、斯维尔河和涅瓦河被严寒侵袭后，水面都已结冰了。芬兰湾也封冻了。

不速之客

有一个夜间强盗来到我们这一带的森林里了。想要看到它可不是件容易的事儿，夜间太黑，没法看见它；白天时它又跟雪的颜色差不多，也很难分辨。它从北极来，所以身上的衣服跟北方那常年不化的白雪颜色差不多。我说的这种动物就是北极雪鸮。

雪鸮的个头跟猫头鹰差不多，但力气不如猫头鹰。大大小小的飞禽、老鼠、松鼠和兔子都是它的食物。

苔原是它的故乡，那里天气冷得很，苔原上的小野兽几乎都躲到洞里去了，鸟儿也基本都飞走了。

雪鸮被饥饿逼得只好离家出走，来我们这儿过冬了。这位**不速之客**（指没有邀请突然而来的客人）打算入春时再回家。

名师讲堂

描述了"夜间强盗"的外形特征，突出了它的奇怪。

名师讲堂

点明了雪鸮飞来这里来过冬的原因。

啄木鸟的工作场

我们菜园后面，长着一大片老白杨树和老白桦树，还有一棵更老的云杉树。云杉树上残留着几个球果。这几个球果招来了一只五彩的啄木鸟。啄木鸟落到树枝上，用它的长嘴啄下一个球果后，就衔着它沿着树干往上跳去。它把球果塞进一道树缝里，然后用嘴啄球果里的籽，把籽叼出来后，就把球果壳往下一扔，接着再去采另一个球果；采来后还是照旧法塞在那道树缝里；然后去采第三个球果……就这样反复工作，一直忙到天黑。

《森林报》通讯员　勒·库波立尔

名师讲堂

动作描写，介绍了啄木鸟啄下球果的过程。

向熊请教

熊为了躲避寒风，就将自己的冬季住宅——熊洞安在低凹之处，甚至有可能将其安置在沼泽地上或是茂密的小云杉林里。奇怪的是，如果这年冬天不冷，会出现融雪天气，那熊就会把熊洞安在像小山丘这类的高地方。世世代代的猎人都证实了，熊就是有这种习惯。

这个道理其实很简单：熊就害怕融雪天气。怎么会不怕呢？如果冬天里有一股雪水流到熊的肚皮底下，当天气又忽然转冷时，雪水又会结冰，熊那毛蓬蓬的皮袄就会冻成铁板了，到那时可如何是好呢？那就不能冬眠了，只能满森林里乱逛，靠活动筋骨来取暖了！

可是如果熊不睡觉，还得不停地活动，就会消耗尽身上储存的热量，就不得不靠进食来维持体力。但是一到冬天，熊就找不到食物吃了。所以，预料到暖冬的熊会挑个高处做窝，免得在融雪天里受罪。

可它究竟是怎么预测到这年冬天是暖还是冷的呢？为什么它早在秋天的时候就能准确地作出判断呢？这其中的原因我们就不知道了。

只得钻到熊洞里向熊请教了！

名师讲堂

设置疑问，目的在于引发读者的思考。

名师讲堂

运用设问，解释说明了熊害怕融雪天气的原因。

严格遵守采伐计划

俄罗斯古时候有句谚语："森林如恶魔，不要对它下手，否则死期就不远了。"

古时候，伐木是一项非常艰苦的劳动。伐木工要与绿色的朋友为敌，可他们的武器只是一把斧头。直到不久前的 18 世纪，他们才有了锯子。

一个人一定要有**充沛**（饱满；旺盛）的体力，才能一天到晚挥动斧头砍树；一定要拥有钢铁般的身板，才能在天寒地冻的风雪天气里，白天只穿着单薄的衬衫干活儿，夜里裹着皮袄在小火炉旁或小草棚里睡觉。

在春天的时候工作是最艰苦的。

一个冬天采伐的树木，此时都得被搬运到河边，等到河水解冻后，伐木工要把一根根沉重的圆木推到河里去，请流水将木材运走。

名师讲堂

点明便利的运输业带来了城市的发展。

河水将木材运到什么地方，什么地方就得福了。于是河水两岸就有了一座座城市。

现在的情况是怎么样的呢？

"伐木工"的工作性质已经发生了根本的变化。我们砍伐树木和削去树枝的工具，已不再是斧头了。这些工作都可以交给机器去做，甚至连森林里的道路，也都是由机器开辟、铺平的，然后机器就可以沿着这条林间道路把木材运走了。

名师讲堂

运用夸张的修辞手法，说明了履带式拖拉机的巨大作用。

用来伐术的履带式拖拉机就非常好用！这个由钢铁制成的**庞然大物**（形容庞大而笨重的东西；也指貌似强大实则虚的东西），听从人类的指挥，它们闯入无法通行的密林，放倒百年的大树就像刈草一样轻松。它们能将老树连根拔出，放到一边，然后推开横躺在地上的其他树，铲平地面，开辟出一条条运输道路。

名师讲堂

"毫不费力"一词形象地表现出了电锯锯齿的锋利。

行驶在运输道路上的汽车还载着"流动发电站"。工人们手拿电锯，走到树前，身后有一根根像长蛇般包着橡胶的电线。电锯那尖利的钢齿能毫不费力地锯入坚固的树身里，就像刀子割黄油似的。也就半分钟的工夫，直径有半米粗的树干就被锯断了。这可是一棵一百多岁的巨树啊！

名师讲堂

运用拟人的修辞手法，介绍了运树拖拉机的工作过程。

方圆一百米之内的树木都被锯倒后，汽车又把"流动发电站"送到前面去。这时有一辆强大的运树拖拉机开到这个位置来干活。运树拖拉机一把抓起几十棵原木，然后将其拖到木材运输线上。

在运输线上工作的巨大的运树牵引车，将木材拖到窄轨铁路上。铁路上有一个司机驾驶着长长的一大串敞篷车，每一节车厢上都装着几千立方米原

木,开向铁路车站或是河码头的木材场。人们在木材场里修整、加工原木,将其变成圆木、木板或是纸浆用料。

在现代,借机器采伐的木材,会被运到远方草原上的村庄、城市和工厂里,会被运到一切需要木材的用户那里。

众所周知,在这么先进的技术条件下,我们必须严格按照全国统一的计划来采伐木材,否则,我们这个森林大国会渐渐失去森林资源,靠现代技术手段清灭森林,是再容易不过的事了。但是树木的生长速度却一点没变,还是像从前那么慢,需要几十年的时间才能形成森林!

名师讲堂
向读者们介绍了按计划采伐木材的重要性。

在我国,人们会立刻在采伐森林的地方营造新林,并栽上名贵的树木。

农场新闻

冬天真的来了

集体农庄田里的活儿都干完了。

妇女们在牛棚里工作,男人们去运饲料了。

有猎犬的村民出去打灰鼠了。还有不少人去林子里采伐木材了。

灰山鹑群离农舍越来越近了。

孩子们每天高高兴兴上学去。白天,他们还会抽空布网捉鸟儿,去小山上滑雪或滑小雪橇;晚上,他们就做作业、读书。

名师讲堂
描述了集体农庄里的人们在冬季的生活状态。

名师讲堂
表明孩子们和大人一样,也从忙碌中解脱出来了。

尼娜·巴南洛娃

我们的心眼比它们多

下过一场大雪后发现，老鼠居然在雪下挖了一条直通我们苗圃的地道。可是，我们的心眼比它们多，我们把苗圃里的每棵小树四周的雪都踩实。这样，老鼠就钻不到小树跟前了。有些老鼠一钻到雪层外面，就会被冻死。

祸害果树的兔子也常会跑到我们的果园里。我们也有对付这些兔子的办法，那就是用稻草和云杉树枝将所有小果树都包扎起来。

吉玛·布勒多夫

在细丝上吊着的房子

我见过一种在细丝上吊着的小房子，风一吹，它就晃晃悠悠的。这房子没有任何防寒设备，墙壁顶多有一张纸那么厚。谁能在这种小房子里过冬呢？

你可能想不到吧，这种小房子也是

可以用来过冬的！我们见过好多设备简陋的小房子。它们是被一根根像蜘蛛丝那么细的丝吊在苹果树枝上的。这种小房子是用枯叶做成的。人们见到它们，就会把它们取下来，然后烧掉。原来小房子的主人都是害虫——苹果粉蝶的幼虫。如果不消灭它们，那等到春天，它们一定会去啃苹果树的芽和花的。

名师讲堂

向读者们介绍了这种小房子的外形特点。

有不少野兽会危害人们的利益，人们可以用林间的材料修理它们。

昨天晚上，光瞻之路集体农庄差点失窃：一只大兔子趁着深夜偷偷钻进了果园，它是来啃小苹果树的树皮的，可是它发现苹果树皮像云杉树皮一样扎嘴。这只兔子啃了好多次都失败了。于是它只好离开果园，回附近的森林了。

名师讲堂

设置悬念，目的在于激发读者的探究兴趣。

果农们早就预料（事前推测、料想，也指事前做出的推测）到会有林中小偷来侵犯果园，于是砍了云杉树枝，把自家的苹果树干包了起来。

名师讲堂

解答悬念，原来兔子咬的是包在苹果树干外的云杉树枝。

棕黑色的狐狸

郊区的红旗集体农庄建了一个养兽场。昨天，有一批棕黑色的狐狸被运到这里。一大群热情的人（其中还包括刚会跑的学龄前儿童)跑来欢迎这些集体农庄的新居民。

狐狸怯怯地用怀疑的眼光,打量着每一个欢迎它们的人。只有一只狐狸淡定地打了个哈欠。

"妈妈!"一个围着白头巾,戴了一顶无边帽的小男孩叫道,"可不要把这只狐狸围在脖子上,它会咬人的!"

🔍 师讲堂

语言描写,小男孩的话充满童真与童趣,令人捧腹。

用不着盖厚被子

有一个外号叫米克的九年级学生,上周日去曙光集体农庄玩。他在一片树莓丛旁遇到了工作队队长费多西奇。

"老爷爷!您不怕您的树莓被冻环吗?"米克用内行的口吻问着问题,其实他根本不懂。

🔍 师讲堂

语言描写,生动地刻画出了一个不懂装懂的"小大人"形象。

"不会冻坏的。"费多西奇答道,"它们能在雪下平平安安地度过这个冬天。"

"在雪下过冬?老爷爷,您是不是糊涂了?"米克接着说道,"这些树莓长得比我还高呀!您觉得冬天的时候能下这么深的雪吗?"

"下普通的雪就行。"老爷爷答道,"聪明的孩子,现在请你告诉我:你在冬天时盖的被子,比你的身高厚还是比你的身高薄呢?"

🔍 师讲堂

"聪明的孩子"一句话含有调侃的意味。

"这与我的身高有什么关系?"米克笑道,"我是躺着盖被的呀!老爷爷,您明白吗?人们都是躺着盖被的呀!"

"我的树莓也是躺着盖雪被的呀!不过,聪明的孩子,你自己躺到床上就行了;树莓要由我这个老爷爷把它们弯到地上,然后绑起来,它们就算是躺在地上了。"

"老爷爷,您比我想象的要聪明得多啊!"米克说。"孩子,可惜你没有比我想象的聪明。"费多西奇回答道。

名师讲堂

对话描写。语言幽默风趣,让人忍俊不禁。

尼娜·巴南洛娃

助手

现在我们可以每天在集体农庄的粮仓里碰到孩子们了。有的孩子在帮着大人挑选准备春播的种子;有的孩子在菜窖里精选最好的土豆种子。

名师讲堂

介绍了孩子们帮助大人们干活的情况,表现出孩子们的勤劳。

有的男孩子还去马厩和钢铁工厂里帮忙呢!

好多孩子常去牛栏、猪圈、养兔场和家禽窝干活。

我们边在学校里读书,边在家里帮大人干活。

尼古拉·立和诺夫

城市新闻

瓦西里岛区的乌鸦和寒鸦

涅瓦河封冻了。在这个季节里,每天下午四点,瓦西里岛区的乌鸦和寒鸦都会在思密特中尉桥(第八条街对面)下游的冰面上聚集着。

名师讲堂

向读者们介绍了乌鸦和寒鸦聚集的时间、地点。

鸟儿吵闹一阵后,就又分作好几群,各自飞回瓦西里岛上的花园过夜了。每一群鸟都住在它们**热爱**(形容爱的程度很深)的家园里。

猎事记

名师讲堂

点明了猎捕小毛皮兽的最佳时间。

秋天是猎捕小毛皮兽的季节。快到十一月时,这些小兽的毛就长好了,它们已经脱掉了夏天时薄薄的那层毛，换上了抵御寒冬的、蓬松的、暖和的、厚厚的毛。

去打灰鼠吧

一只灰鼠有什么了不起的？

可是，灰鼠在我们国家的狩猎事业里比其他任何野兽都重要。我们全国每年光是灰鼠的尾巴就要消耗几千捆。它那华丽的尾巴，可用来做帽子、衣领、耳套及其他保暖用品。

尾巴之外的毛皮也大有用途。人们用这种毛皮做大衣和披肩，尤其是淡蓝色灰鼠皮做的女式大衣，样式很好看，穿起来既轻便又暖和。

灰鼠一换完毛，猎人们就出去打灰鼠了。在灰鼠长期出没而且容易打到的地方，甚至能看到老头儿和十二三岁的少年打猎的身影。

猎人们在狩猎期间，或是集体行动，或是单独行动，常常在森林里一待就是好几个星期。他们踏上又短又宽的滑雪板，从早到晚在雪地上奔波，有时直接用枪打灰鼠，有时还要布置和检查捕捉器、陷阱等工具。

猎人们在土窑洞或很矮的小房子里（这种小房子常被埋在雪里）过夜。用一种像壁炉似的

土炉子烧饭吃。

猎人打灰鼠的最佳伙伴就是北极犬。北极犬是猎人不可缺少的"眼睛"。

北极犬是来自我国北方的一种特别的猎犬。它在冬季时会**协助**（从旁帮助，辅助）猎人在森林照打猎的本事当属世界第一。

北极犬能帮你找到白鼬、鸡貂和水獭的洞，会替你咬死它们。夏季时，它还能帮你从芦苇丛里把野鸭赶出来，从密林里把琴鸡赶出来。这种猎犬还不怕水，连冰冷的河水都不怕，它能跳到冰冷的河水里，帮主人把射杀的野鸭叼上来。到了秋季和冬季时，它又成了帮助主人打松鸡和黑琴鸡的好帮手。在秋冬两个季节时，靠普通猎犬的伺伏是抓不到松鸡和黑琴鸡的。可是北极犬会往树下一蹲，对着野禽汪汪地叫，使它们的注意力都集中

> **名师讲堂**
>
> 用"眼睛"一词来表明北极犬对猎人的重要性。

在北极犬身上,这样主人就可以趁机开枪了。

在下雪前后,你都可以带着北极犬去打猎,它可以帮你找到麋鹿和熊。当你被可怕的野兽攻击时,这个忠实的朋友北极犬是决不会抛弃你的。它会绕到野兽的身后咬住它,让你有时间装上弹药,射杀野兽;或者,它会以死相拼,用自己的性命保全你的性命。最令人称奇的是,北极犬能帮你找到灰鼠、黑貂、猞猁等生活在树上的野兽。其他种类的猎犬就没有这等本事。

在冬季或者深秋时节打猎时,你走在云杉林、松树林或混合林里,四周一片死寂。没有走兽晃动的身影,也没有飞禽鸣叫的声音。这里就像一片荒漠。

可如果你去森林的时候带上一条北极犬,就不会感到寂寞了。北极犬一会儿在树根下找出一只白鼬,一会儿从树洞里撵出一只白兔,一会儿又顺便叼起一只林鼹鼠,它还能找到躲在浓密的松枝间不露面的灰鼠。

可是,猎犬既不会飞,也不会爬树,如果灰鼠不到地上来,那北极犬是如何找到灰鼠的?

捕捉野禽的波形长毛猎犬和追踪兽迹的追逐犬需要灵敏的鼻子。鼻子就是这两种猎犬最重要的工具。这些猎犬,即使眼睛和耳朵都不太好使,也能照样干活儿。

可是北极犬却需要三种工具——灵敏的鼻子、锐利的眼睛和机灵的耳朵。这三样工具是并用的,甚至可以说它们就是北极犬的三个仆人。只要灰鼠在树上用爪子挠了一下树干,北极犬就会竖起它那

名师讲堂

列举事例,突出了北极犬对主人的忠诚。

名师讲堂

环境描写,营造出森林里荒凉的氛围,为后面的内容做铺垫。

名师讲堂

运用设问,引起读者注意,启发思考。

名师讲堂

点明了这三种工具对北极犬的重要性。

时刻警惕着的耳朵，悄悄地提示主人："这里有灰鼠！"只要灰鼠的小脚爪在针叶间一闪，北极犬就会给主人使眼色："这里有灰鼠！"只要一阵小风将灰鼠的气味吹到树下，北极犬的鼻子就会报告主人："上面有灰鼠！"

北极犬靠这三个工具，发现树上的灰鼠后，就用它的第四个工具——叫声将信息传达给主人。

一条好的北极犬，在发现了猎物后绝不会往猎物所在的那棵树上扑，也不会去挠树干，因为这种做法只会把猎物吓跑。这时北极犬会蹲在树下，目不转睛地盯着灰鼠的藏身之处，竖着耳朵，不时叫几声。要是主人还没来，或是没把它带走，它是不会离开树下的。

打灰鼠很容易，灰鼠被北极犬发现后，灰鼠的注意力就全都集中在北极犬身上了。这时猎人只需悄悄地走过来，不要发出声响，不要有**剧烈**（激烈；猛烈；强烈）的动作，好好瞄准再开枪就行了。

用霰弹不容易打到灰鼠。猎人通常用小铅弹去打这种动物，而且尽可能去打它的头部，这样就能避免损坏灰鼠皮。灰鼠在冬天受伤后不大容易死掉，因此，要力争一枪打中要害才好。要不然等它躲进浓密的针叶丛时，就再也找不到了。

猎人们还用捕鼠器等工具捉灰鼠。

制作并装置捕鼠器的方法如下：把两块短的厚木板，平行放在两棵树干之间。在两块木板之间支一根细棒，细棒上拴着美味的诱饵（如干蘑菇或是干鱼片），灰鼠一拉诱饵，上面的木板就会落下来，把灰鼠夹在两块木板之间。

只要雪不是特别深,猎人们整个冬天都会一直打灰鼠。灰鼠一到春天就要脱毛了。在深秋之前,在它们还没有长成准备过冬的那身华丽的淡蓝色毛皮之前,猎人是决不打它们的。

带斧头打猎

猎人们在打凶悍的小毛皮兽时,用枪的时候可没有用斧头的时候多。

北极犬靠着灵敏的嗅觉找到躲在洞中的鸡貂、白鼬、伶鼬、水貂,还有水獭。至于如何把这些小野兽撵出洞,就是猎人的事情了。这件事可不太容易做到。

这些凶悍的小野兽把洞穴筑到地下、乱石堆里或是树根下。当它们察觉到危险时,不到**万不得已**(表示无可奈何,不得不如此),它们是不肯离开自己的遮蔽所的。于是猎人只好把探针或是铁棍伸进洞里搅动着,或是用手搬开乱石堆上的石头;或是用斧头将粗大的树根劈开,将冻结的泥土敲碎;或是用烟把小野兽熏出来。

不过,只要它一跳出洞,就无处可逃了,北极犬绝不会放走它的,会活活咬死它。或者,猎人也会开枪打死它。

猎貂记

想打森林里的貂就比较困难了。要找出它捕食其他鸟兽的地方并不算难，因为这里的雪地常会被它踩得一塌糊涂，而且还留着血迹。可是，要找出它在饱餐之后的藏身之地就需要好眼力了。

貂能从这根树枝上跳到那根树枝上，从这棵树上跳到那棵树上，跟松鼠一样灵活。只不过它一路这么跳下去，会在身后留下行迹，比如被它折断后落在雪地上的小树枝、球果、小树皮、它身上被树皮等蹭下来的绒毛等，有经验的猎人能根据这些痕迹来判断貂的行迹。有时这条行迹能绵延好几公里长。我们得加倍注意才能**毫无差错**(没有一点儿错误或者差别)地一路追踪下去，根据这些线索找到它。

塞苏伊奇第一次追踪貂的行迹时，没有带猎犬，因此他只能凭借自己的本事了。

那天他踏着滑雪板走了很长一段路。有时蛮有把握地往前冲一二十米，因为他在那里发现了貂曾经从树上跳到雪地上，奔跑后留下的脚印；有时又缓慢地往前挪着，仔细地察看貂一路留下的模糊痕迹。

名师讲堂

动作描写，突出了貂的灵巧。

名师讲堂

猎人要加倍注意才能发现貂的踪迹，从侧面表现出貂的狡猾。

那天他不停地**唉声叹气**（因伤感郁闷或悲痛而发出叹息的声音），后悔没有把忠实的朋友北极犬带来。

夜幕降临时，塞苏伊奇还在森林里转悠着。

这个小个子猎人生起一堆篝火，从怀里掏出一块面包吃了，好歹先熬过这个漫长的冬夜再说别的。

早晨，塞苏伊奇沿着貂的行迹，走到一棵非常粗的枯云杉树前。真走运啊！塞苏伊奇发现树干上有个树洞。貂一定在这儿过夜了，而且极有可能还没出洞呢。

塞苏伊奇右手拿着枪，左手拿着一根树枝敲一下树干，然后把树枝扔掉，双手端枪，等貂一蹿出来就开枪。

貂却没有跳出来。

塞苏伊奇又拿起树枝重重地敲了一下树干，又更重地敲了一下。

貂还是没出来。

"哎，它睡得太沉了！"塞苏伊奇懊恼地说，"快醒吧！瞌睡虫！"

说着说着，他又举起树枝狠狠敲了一下，满林子的生物都能听到那声音。

看来貂没在树洞里。

这时，塞苏伊奇才想起来应该仔细瞧瞧这棵云杉的周边情况。

这棵枯树是空心的，树干另一面的一根枯树枝下面，还有一个洞口。枯树枝上的雪都已经被碰掉了。显然貂已经从这一头溜出了树洞，然后逃到周围其他树上了。由于粗树干挡住了猎人的视线，所以猎人没能看见。

塞苏伊奇没有办法，只好赶紧去追貂。

猎人又把一整天的工夫花在分辨那些模糊的痕迹上。

后来，塞苏伊奇终于找到一个痕迹，它确确实实能表明貂就在这附近。但那时天已经黑了。猎人在树上找到一个松鼠窝，种种迹象表明：貂把松鼠赶跑了，这强盗在松树后面追了好久，最后还是在地面上追到它的。大概是因为那只**精疲力竭**（精神、力气消耗已尽。形容非常疲劳）的松鼠没有正确估计自己的体力，从树上失足落到了地上，于是貂一连蹿了几步，抓住了它。也就在这片雪地上，貂把松鼠吃了。

是的，塞苏伊奇追踪的路线并没错。不过，他不能再继续追了，因为从昨天起到现在，他一点东西都没吃，身上连面包屑也没有了，天气又变冷了。要是今晚也在森林里过夜的话，一定会冻死的。

塞苏伊奇非常沮丧地痛骂着，只好沿着来时的路往回走。

"只要让我追上这只貂，"他心想，"只需放一枪，就能把它打死。"

塞苏伊奇再一次路过那个松鼠洞时，怒气冲冲地拿起枪，也没瞄准，就冲着松鼠洞放了一枪。他不过是想发泄一下心头之恨罢了。

树上的一些枯树枝和苔藓被枪声震到了地上，令塞苏伊奇大吃一惊的是，在那些东西落地之前，竟有一只细长的、毛茸茸的貂掉到他的脚旁。这只貂临死前还在抽搐呢！

名师讲堂

貂逃跑了，猎人塞苏伊奇只得重新寻找貂的踪迹。

名师讲堂

转折句，猎人塞苏伊奇缺少食物，只能放弃追踪。

名师讲堂

心理描写，形象地表现出了猎人塞苏伊奇内心的不甘。

名师讲堂

猎人塞苏伊奇竟然在无意中打死了貂。

后来塞苏伊奇才知道，这是常有的事儿：貂捉住松鼠吃掉后，常会钻到被它吃掉的松鼠的窝里，在那温暖舒服的地方蜷成一团，安安心心地睡大觉。

白天放枪，黑夜布网

十二月中旬之前，**松软**（指松散绵软）的积雪已经没到膝盖了。

日落时分，黑琴鸡蹲在光秃秃的白桦树上一动不动，为玫瑰色的天空点缀了一些黑色的斑点。后来，它们突然一只跟着一只地向雪地冲去，然后就不见了。

漆黑的夜来了，今晚没有月亮。

塞苏伊奇走到了那片林中空地上。黑琴鸡就是在这片空地上消失的。他手中拿着捕鸟的网和火把。浸过树脂的亚麻秆在熊熊燃烧着，明亮的火光照亮着黑黑的夜幕，沉沉的夜色被推到一边去了。

塞苏伊奇一面仔细听着周围的动静，一面机警地挪着步子。

忽然，在离他只有两步远的前方，有一只黑琴鸡

名师讲堂

设置悬念，引起读者的好奇心，吸引读者继续往下阅读。

名师讲堂

动作描写，突出猎人塞苏伊奇谨慎的性格特征。

从雪下钻了出来。明亮的火光晃得它睁不开眼睛，它像只巨大的黑甲虫似的在原地瞎打转。猎人乘机用网罩住了它。

塞苏伊奇用这个办法，在夜间活捉了许多只黑琴鸡。

而在白天，他却乘着雪橇用枪打黑琴鸡。

奇怪的是：落在树枝上的黑琴鸡，绝不会被一个步行的猎人打中，即便那个猎人隐藏得很好。但如果同一个猎人乘雪橇过来（哪怕雪橇上满载着集体农庄的大批货物），那么那些黑琴鸡可就难免会死在猎人的枪下了！

《森林报》特约通讯员

我们应该有谦虚的学习态度，不要随意夸大自己的知识和本领，否则就会像故事里的学生米克那样，让内行人看笑话。

一唱一和　连绵不断　不速之客　庞然大物

阅读提示

　　冬季开始了,河流被冰封,大地和森林盖上了雪被;花草树木都沉睡了,冬眠的动物们也早已懒洋洋地进入了梦乡;冬天的树木是上好的木材,人们忙着在森林里伐木……

冬之卷

小路初白月

森林中的大事记

师讲堂

中心句,引出下文。

　　这里发生的几件林中大事,都是我们的森林通讯员从白雪覆盖的野兽路径上得出的结论。

不求甚解的小狐狸

　　在一片林间空地上,小狐狸发现了几串老鼠留下的小脚印。

　　"哈哈!"它心中暗想,"这我可要饱餐一顿啦!"

师讲堂

运用拟人的修辞手法,描写出了小狐狸的可爱。

　　可是,粗心的小狐狸并没用鼻子好好"念念"这些"字",弄清到底这是谁刚才到这儿来留下的,它只草草看了几眼,就轻易做出了结论:噢,脚印是一直通到灌木丛那边的。

　　于是,它**蹑手蹑脚**(形容放轻脚步走的样子。也形容偷偷摸摸、鬼鬼祟祟的样子)地向灌木丛走了过去。

　　雪里有个小东西正在蠕动,只见它长着一身灰色的皮毛,还有一根小尾巴。小狐狸上前一把摁住这个小家伙,上去就是一口。

234

"呸呸呸！真是恶心死啦，什么臭玩意儿！"小狐狸刚咬一口立刻就觉得不对劲了，连忙把口中的小兽吐了出来，跑到边上吃了口雪漱口，想用雪清除嘴里的味道，因为那味道真是太恶心了。

就这样，小狐狸的早饭算是泡汤了。

原来，这只小兽是只鼩鼱，而不是什么老鼠。

它只是远远看上去像老鼠，近看，一眼就可以认出来，因为鼩鼱的嘴脸比老鼠长好多，它的脊背总是弓起来的。它以吃虫子为生，跟田鼠、刺猬比较像。只要是有点儿经验的野兽，都不会去碰它，因为它身上那种像麝香似的气味，吃到嘴里臭得很。

可怕的脚印

我们的森林通讯员们在树木下发现了一串脚印，爪印是狭长的，看了简直让人觉得恐怖。这些脚印本身并不大，跟狐狸脚印差不多大小，但那些脚印看起来又长又直，好像一排钉子直接钉在了地上，爪子尖应该非常尖锐。这样的爪子要是抓到了谁的肚皮，肯定会把肚肠抓出来。

通讯员们小心翼翼地沿着脚印走过去，脚印通向一个很大的洞穴。洞口的雪地上散落了好多细毛。他们仔细研究了一会儿。细毛又直又硬，而且很有弹性，颜色是黑色中带点白尖儿，人们就是用这种毛来做毛笔的。

通讯员们马上明白了，原来住在洞里的是獾。獾是个狡猾的家伙，不过，并不是很可怕。也许它只是看到天气变暖了、雪化了，所以出来散散步。

雪底下的鸟群

兔子在沼泽地上蹦蹦跳跳。它在草墩间跳来跳去——从这一个草墩跳上那一个草墩，又从那一个草墩再跳上另一个，忽然扑通一声，一不小心就掉进了雪里，雪一下子没到它的长耳朵边上。

兔子感觉到脚底下好像有个活的东西在扑腾。霎时间，从它周围的雪底下，突然冲出了许多鸟，朝它扑腾着翅膀，发出噼噼啪啪的声响。兔子被这些不知道从哪里跑出来的鸟吓坏了，撒腿拼命往回跑，一转眼就逃进了森林。

原来，这是一群雷鸟，它们冬天就住在沼泽地里的雪底下。白天，它们飞出来，在沼泽地上溜达，挖雪里的蔓越橘吃。吃饱喝足后，又钻回雪底下。

在那里，又安全又暖和。它们躲在雪底下，很难被人发现。

雪爆炸了，鹿得救了

这片雪地上留下了许多**凌乱不堪**（形容没有秩序、十分不整齐的样子）的脚印，像是告诉人们这里曾发生过一件不同寻常的事。可是，我们的通讯员们怎么也猜不透到底这里发生过什么事情。

最初留下的脚印是又小又窄的兽蹄印，看样子这只小兽走得十分沉稳。情况应该是这样子的：有一只母鹿正在林子里散步，它丝毫没有意识到危险正一步一步地向它逼近。

接着，又出现了许多大脚爪印，就在这些蹄印旁边。母鹿的蹄印开始显得有些慌张凌乱，像是开始蹿跳。

这不难理解。也许是一只狼无意间发现了母鹿，悄悄地向它靠近，并在瞬间发动攻击，向母鹿猛扑过去。而母鹿的反应也比较敏捷，它飞快地从狼身旁逃走了。

继续往前看，会发现狼的脚印离母鹿的蹄印越来越近——也就是说，眼看狼就要追上母鹿了。

再往前，在一棵已经倒下的大树旁边，两种脚印已经完全混在一起了。看来，在紧急时刻母鹿纵身跃过了大树，而狼也紧随其后，蹿了过去。

树干的另一边有个深坑。坑里有许多积雪，那些雪像是被炸弹炸过那

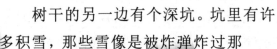

作者通过脚印，对当时发生的事情进行了合理的推测。

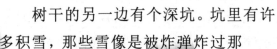

作者根据脚印的变化开始了进一步的推理。

样凌乱地向四面八方飞溅。

可是,就是从那个雪坑开始,母鹿的蹄印和狼的脚印莫名其妙地**分道扬镳**(比喻因志向、爱好等不同而各走各的路)了。然而,不知从哪儿开始又多出了一种很大的脚印,挺像人光着脚,外面又套着一个非常吓人的、弯弯曲曲的大爪子留下的脚印。

这究竟是一颗什么样的炸弹竟然会埋在雪里,并且爆炸了呢?这可怕的新脚印又是谁的?狼为什么会放弃追赶母鹿呢?这里到底发生了什么事?

我们的通讯员们冥思苦想,反复地思考这些问题。

后来,他们终于弄清楚了,因为他们想通了这些套着爪子的大脚印是谁留下的,这样一来,一切都变得简单明了而又那么**顺理成章**(比喻某种情况自然产生某种结果)了。

母鹿凭着它那四条飞毛腿,轻而易举地越过了横在地上的粗树干,快速地向前飞奔而去。狼紧紧跟在它后面也跳了起来,不过它没有鹿跳得那么远,它沉重的身子吊在半途中,扑通一声从树干上滑了下来,重重地摔进堆满积雪的深坑里。恰巧树干底下有个熊洞,狼四只脚一齐插进了熊洞里。

此时,狗熊正睡得迷迷糊糊的,被这个从天而降的庞然大物吓了一大跳,熊猛地跳了起来,于是坑里的冰呀,雪呀,树枝呀,往四下里一阵乱射,好像是炸弹爆炸了一样。这更是把狗熊吓得魂飞魄散,它拼命地向树林里飞奔而去,用惊人的速度逃走了(它一定是误以为猎人来打它了)。

而狼则重重地跌进了雪坑里,摔得晕头转向,看

名师讲堂

母鹿的蹄印和狼的脚印分开,推理陷入了僵局。

名师讲堂

运用了一连串的问句,引发读者的思考。

名师讲堂

场景描写,作者向读者们描述了事情发生的过程。

见那个又大又胖的家伙，心里顿时害怕得要死。这个时候，它只顾自己逃命，哪里还顾得上去追母鹿。

此时，母鹿当然早已经不知所踪了。

银白的海底世界

初冬时节，雪花飘舞，寒风初袭。在这个季节里，田野和森林里的小动物们最难熬了。地面上光秃秃的，什么也没有，冻土层越来越厚，地洞里也阴冷起来。连鼹鼠都要倒霉了，因为冻土变得坚硬如铁，它那平时用来挖土的铁锹样的小爪子，此时也不再锋利了，好像老天爷在和它作对一样。还有那些老鼠、田鼠、伶鼬、白鼬什么的，又该怎么办？

小动物们就这样熬着盼着，好容易盼来了大雪纷飞。大雪下个不停。地上的雪很快就**堆积如山**（聚集成堆，如同小山。形容极多）了，不再融化，到处都是白茫茫一片，银色的雪海把整个大地覆盖起来。站在这广袤无垠的雪海里，雪可以没到人的膝盖处，走起来简直寸步难移。榛鸡、黑琴鸡和松鸡，连头带脚都钻进了雪里。老鼠、田鼠、鼩鼱……所有不冬眠的穴居小动物都从自己那隐藏在地下的窝里面钻了出来，在雪海上跑来跑去。食肉的伶鼬不知疲倦地在雪的海洋里面钻来钻去，活像一头微型小海豹。有时候，它会跳到雪海外面，四下张望一会儿，看看有没有榛鸡什么的从地下探出头来。发现猎物后，它又一个猛子扎到雪海底下，神不知鬼不觉地在雪下钻到鸟跟前去捕获美食。

雪海底下比雪海上面暖和多了。凛冽刺骨的寒风吹不到那里，好像一层厚厚的用雪做成的毯子阻

名师讲堂

事件叙述，熊的突然出现让母鹿逃过一劫。

名师讲堂

运用比喻的修辞手法，突出了鼹鼠在初冬时节生活的艰难。

名师讲堂

环境描写，在雪地里寸步难移，为下文做铺垫。

名师讲堂

动作描写，突出了伶鼬的聪明、灵巧。

挡严寒,不让寒冷接近地面,在这雪的海底世界下面似乎感受不到严冬的气息……许多穴居的老鼠,就把自己过冬的巢直接筑在雪下面的地上,好像到专门建好的冬季别墅来避寒似的。

雪底下还有这样的事儿呢!一对短尾巴田鼠情侣用细草和毛垒了个小的爱巢,就架在一根覆盖着雪的灌木枝上,从巢里还往外冒着微微的热气呢。

在这厚雪覆盖下的暖和的小爱巢里,有几只刚出世的小不点儿,它们身上没有毛,光秃秃的,眼睛都还没睁开。那时候,外面天气正冷得厉害,气温已经达到零下20摄氏度呢!

冬季的中午

一月的一个中午,天气虽然寒冷,但阳光明媚,白雪覆盖的树林里**悄无声息**(形容没有声音或声音很轻;没有名声,默默无闻)。洞里的熊正在自己的家里做着美梦。在熊的头顶上,大雪压弯了上面的乔木和灌木,透过那些乔木和灌木的枝叶缝隙,许多神奇而小巧的住宅若隐若现。这些小屋有拱形的圆顶、空中走廊、台阶、窗户和稀奇古怪的尖顶,就好像一座小小的塔一样,这一切都在闪闪发光。数不尽的

小雪花聚集起来，
像钻石矿那么耀眼。

　　一只小巧玲珑的翘尾巴小鸟儿，嘴巴像锥子一样尖锐，好像突然间从地底下钻出来似的跳上地面。它扇动着翅膀，飞到云杉树梢上，发出一连串婉转动听的声音，响彻了整个树林。

　　这时，在白雪拱门下地窖的小窗口那儿，突然露出了冬眠的熊那绿蒙蒙的眼睛，半睁半闭，迷迷糊糊的……难道说春天要提前来临了？

🔍名师讲堂

　　运用细节描写，把大熊半梦半醒的状态细致地描写了出来。

　　这是很会享受生活的熊的眼睛。可能只有老天爷才能知道下一秒森林里会发生什么事。熊可不想在自己冬眠的时候，错过森林里的大事，所以，它总是在自己的洞壁上留一扇小窗。它从哪一边进洞冬眠，这扇小窗就开在哪一边。还好，没什么意外，在钻石打造的小房子里，一切如常，平安无事……于是，也就不需要再从窗口往外望了。

　　在冰雪覆盖的树枝上，小鸟儿只是胡乱蹦跳了一会儿，就又钻回白雪覆盖的树根里去了，因为，在那里有一个它用柔软的苔藓和绒筑毛筑的冬巢，非常温暖，非常舒服！

🔍名师讲堂

　　点明小鸟在树枝上待了一会儿就回巢的原因。

乡村日记

严寒的冬季白雪皑皑，花草树木都沉睡了，冬眠的动物们也早已懒洋洋地进入了梦乡。树干里的血液也停止了流动，夏日里热闹非凡的森林如今静悄悄的，少了许多**欢声笑语**（欢笑的声音和话语）。

现在，树林里响起了"吱咯吱咯"此起彼伏的拉锯声。冬天的树木干燥而又结实，是上好的木材，因而整个冬天人们都在采伐林木。为了方便运输锯下来的圆木，人们像浇溜冰场似的往积雪上泼水，修出几条宽阔的冰面马路，再将锯下的木材沿着冰面马路一路滚到大大小小的河流边，好让木材能在春天到来、冰雪融化的时候，随融化后的河水漂到下游的村庄去。

冬季里农场职工们也闲不住，他们在选种，查看庄稼苗，为春耕做着准备工作。

更有趣的是，定居在打谷场附近的一群群灰山鹑，常常成群结队地飞到村庄里来觅食。它们想扒开厚厚的积雪寻找食物，不过，即使把积雪扒开了，下面仍然有一层厚厚的冰，它们想凭那细弱的脚爪扒开冰壳，简直困难极了。冬天捉山鹑非常容易，只可惜这是犯法的，因为法律禁止人们在冬天捕捉无力反抗的山鹑。

在冬天，那些富有善心的猎人不但不会去捕捉它们，甚至还会喂养这些鸟儿呢。他们在田野里给山鹑设立了食堂，那是用柔软的云杉树枝搭建起来的一些小棚子，小棚子底下再撒上燕麦和大麦。这

名师讲堂

运用拟人的修辞手法，形象地表现出了冬天的寒冷。

名师讲堂

向读者介绍了工人在冬天伐木的原因。

名师讲堂

描写了灰山鹑在冬季觅食的困难，为下文做铺垫。

名师讲堂

指出了灰山鹑能够在冬季存活下来的原因。

些善意使美丽的山鹑，即使在最严寒的冬季，也不会因找不到食物而饿死。

第二年夏天，每一对山鹑都能孵出二十多只（至少二十只）小山鹑宝宝。

农场新闻

耕雪机

昨天，我到闪光农场去拜访一位老同学——拖拉机手米沙。

给我开门的是米沙的妻子，一个幽默可爱的女人。

她说："米沙不在家，正在耕地呢！"

我心想：又跟我开玩笑了，可这玩笑也未免太幼稚了，竟然跟我说他在耕地呢。这大冬天的，就连幼儿园的孩子都知道，现在不是耕地的时候。

于是，我打趣道："是在耕雪吧？"

"没错，当然是耕雪喽！不耕雪，还能耕什么呢！"米沙的妻子回答。

于是，我去找米沙。不管你觉得多么难以置信，可我真的是在田里找到他的。只见他开着拖拉机，拖着一只长木箱。木箱把积雪推到一起，堆成一道很结实的雪墙。

"米沙，这是用来干什么的呀？"我问。

"这是雪墙，用来挡风的。"米沙回答，"要是没有这道墙，风就会满田横行，把雪全给吹跑。如果没有厚厚的积雪覆盖，秋天种植的谷物会被冻死。所以，一定要把雪留在田里。这不，我正用这耕雪机耕雪呢。"

名师讲堂

冬天并不是耕地的时候，设置悬念，吸引读者继续往下阅读。

名师讲堂

语言描写，表现出了"我"的风趣、幽默。

名师讲堂

语言描写，详细介绍了雪墙的作用。

冬季作息时间

冬天，在农场里牲畜也要按照冬季作息时间生活：睡觉、吃饭、散步都有一定的时间安排。关于这件事，四岁的小马莎告诉我说："现在，我和好朋友们已经上幼儿园了。也许小牛和小马也该去幼儿园了吧？当我们在外散步的时候，它们也出去散步。我们回家的时候，它们也回家。"

名师讲堂

语言描写，充满童真童趣，真实展现了孩子的内心世界。

"绿色玉带"

一排排**亭亭玉立**（形容女子身材细长。也形容花木等形体挺拔）的云杉树挺立在铁路沿线，绵延数公里。就是这条"绿色玉带"保护着铁路，阻挡着风雪的袭击，使铁轨不至于被掩埋起来。每到春天，铁路职工都要在这里栽种上千棵小树，把这条"玉带"加长。今年就种了十万多棵云杉、洋槐和白杨，还有大约三千棵果树。

名师讲堂

向读者们介绍了这条"绿色玉带"的巨大作用。

名师讲堂

列举数字，表明了人们对"绿色玉带"的重视。

城市新闻

光脚在雪上爬

在冬季阳光明媚的日子里，温度表的水银柱升到了零摄氏度那儿。

这时，在林荫路上，在花园和公园里，从雪

下钻出来许多没有翅膀的小苍蝇。

它们一整天都在雪上爬来爬去,爬去爬来。一到傍晚,它们又钻回冰缝和雪地里藏了起来。

它们就生活在那些安静、暖和的角落,比如落叶或苔藓的下面。

在雪上,它们所到之处并没有留下什么痕迹。因为这些爬来爬去的小虫子身子是那样弱小,体重非常轻,只有用很精密的放大镜,才能够看清楚它们那长长的嘴巴、头上那稀奇古怪的触角和纤细的光脚。

> **名师讲堂**
>
> 描述了小苍蝇在冬季的生活状态。

> **名师讲堂**
>
> 这些小虫子要用很精密的放大镜才能看清,凸显出了这些虫子的"小"。

国外消息

国外给《森林报》编辑部发了一些消息,报道了从我们这儿飞去的那些候鸟的生活情况。

歌鸲算是我们这儿出名的歌手,它在非洲中部过冬;百灵鸟现在就住在埃及;椋鸟分批到法兰西南部、意大利和英国旅行去了。它们在那儿不唱歌,只

是忙着解决自己的吃住问题；它们不做窠，也没有孵雏鸟；它们只是静静地等待着春天的到来，因为那时候它们就可以飞回阔别已久的故乡了。常言说得好："在家千日好，出外事事难。"

埃及拥挤的鸟儿

冬天的埃及是鸟儿的天堂。那里有雄伟壮阔的尼罗河，支流无数，河滩上满是淤泥，河的两岸到处都是肥沃的牧场和良田。这里到处是湖泊和沼泽，有咸水的，也有淡水的；暖和的地中海，海岸曲曲弯弯，形成许多海湾。这些地方处处都有丰富的食物，可以供千千万万的鸟儿来食用。这里的鸟儿夏天已经**不计其数**（没法计算数目。形容很多）了，一到冬天，我们的候鸟也来凑热闹了。

你很难想象那种有趣的情形，就好像全世界的鸟类都聚集在这儿似的。

在湖上和尼罗河的支流上，密密麻麻地聚集着水禽，遮住了水面。嘴巴下长着个大肉袋的鹈鹕，跟我们的紫膀鸭和小水鸭一起捉鱼。我们的鹬在漂亮的长脚红鹤中间悠闲地踱来踱去。要是看见了羽毛斑斓的非洲乌雕或是我们的白尾金雕，它们就会四处逃窜。

如果突然一声枪响，马上就有一群群形形色色的鸟儿密密匝匝地飞起来。那喧嚣声简直有如几千面鼓同时擂起来。刹那间，一大片浓浓的黑影落在湖上，因为飞上高空的鸟遮住了太阳的光线。

在冬天的宅院里，候鸟就这样悠闲地生活着。

国家禁猎区

在苏联辽阔的大地上,有一处鸟儿的乐园,它比起非洲的埃及也毫不逊色。冬天,我们这儿的很多水禽和沼泽里的鸟儿,都在那儿避寒。在那里,就跟在埃及一样,冬天你可以看见一群群红鹤和鹈鹕,其中夹杂着许许多多野鸭、大雁、鹬和猛禽。虽说是冬天,可是那里却不像冬天,因为那里没有我们这样狂风怒吼、大雪纷飞的寒冷冬天。那儿有温暖的海,浅浅的海湾里处处有淤泥;海的两岸芦苇丛生,灌木郁郁葱葱;那里有风平浪静的草原和湖泊。在那些地方,一年到头都有各种各样的鸟食。

> **名师讲堂**
> 运用对比,突出"鸟儿的乐园"环境非常好,增加了文章的可读性。

那些地方都禁止打猎,不允许猎人打鸟。因为那些鸟都是候鸟,它们辛苦了一个夏天,到这里是来休息的……

那就是苏联的塔雷斯基禁猎区,它位于里海东南岸的阿塞拜疆共和国境内,林柯拉尼亚附近。

> **名师讲堂**
> 结尾点题,呼应开头,使文章浑然一体。

轰动南非洲的大事

在非洲南部发生了一件大事。有一群白鹳飞落下来,人们发现在这群白鹳中有一只戴着个白色金属脚环。

> **名师讲堂**
> 白鹳的脚上为什么会有脚环呢?吸引读者继续往下阅读。

人们捉住了那只戴环的白鹳。白鹳脚上的金属环上刻的字清晰可见:"莫斯科。鸟类学研究委员会,A组第195号。"

这消息很快就见报了,因此,我们知道了前些时候我们的通讯员捉住的那只白鹳冬天住在什么地方。

这种给鸟戴脚环的方法，使科学家能探知许多关于鸟类生活的**稀奇古怪**（指很少见，很奇异，不同一般）的秘密——比如它们在哪里过冬，长途飞行经过的路线，等等。

为了实现目的，世界各国都有鸟类学研究委员会，他们制作了各种大小不同的铝环，并且把分发环的机构名称刻在环上面，还刻上组别（按环的大小分组）和号码。只要有人捉住或打死了这种带环的鸟儿，看清楚了环上刻的科研机构的名称，就应该通知这个研究机构，或是在报纸上发表声明。

猎事记

带了小旗子打狼

有几头狼经常在村庄附近出没，一会儿就拖走了一只小绵羊，一会儿又拖走了一只山羊。这个村庄没有猎人，所以只好到城里去请猎人提供帮忙。

于是，那天晚上，从城里赶来了一群猎人，他们个个都是打猎高手。与他们同来的还有两辆载货雪

名师讲堂

解释说明了人们给鸟类戴脚环的原因。

名师讲堂

表明鸟类脚环上的资料非常详尽。

好孩子书屋

橇,上面装着笨重的线轴,线轴上面缠着绳子,中间像个驼峰似的高高隆起来。绳子上每隔半米就系着一面红色小旗子。

察看银径上的脚印

猎人们详细地向当地农民了解了整件事情,得知狼是从哪儿来到村庄的,接着又去察看狼留下的脚印。那两辆载着线轴的雪橇,一直跟在他们后面。

狼的脚印形成一条笔直的线,从村庄里出来,穿过田埂,一直通向树林深处。乍一看,好像只有一头狼,可是,那些有经验的、善于辨别兽迹的人一看,就知道其实走过去的狼应该有一群。

一直追踪狼迹进了树林,才判断出这是五头狼的脚印。猎人们仔细观察一番后得出结论:走在最前面的是一头母狼,它的脚印窄窄的,步距较小,脚爪留下的槽是斜着的,凭这些特点就可以断定它是一头母狼。

一番仔细查探后,他们分为两队,分别乘上雪橇,围着森林绕了一周。

他们并没有在周围发现狼从树林里离开的脚印,因此,可以断定这窝狼仍然隐蔽在树林里,得赶紧开始围捕。

包围

两队猎人各带了一个线轴，他们缓缓赶着雪橇前进，旋转着线轴，沿路放出线轴上的绳子，后面有人跟着，把放出的绳子缠在灌木、树干或树墩上。绳子上的小旗子悬在半空中，离地约有 0.35 米的距离，红色的小旗子迎风飘扬。

完成这项工作后，这两队猎人又在村庄附近会合了。现在，他们已经把整个树林都围绕上了带有小旗子的绳子。

他们向农场职工们下达命令，第二天天刚蒙蒙亮就要集合，然后，他们自己就回去休息了。

夜晚

那一夜，皓月朗朗，寒气逼人。

先是母狼睡醒了，站起身来。随后，公狼也站了起来。今年刚出生的三头小狼崽也站了起来。

只见周围是密密匝匝、黑魆魆的树林。一轮清冷的明月，挂在茂密的云杉树梢顶上，看起来就像模模糊糊的落日。

狼的肚皮发出咕噜咕噜的叫声。

太饿了，肚子难受死了！

母狼抬起头，对着月亮悲凉地嗥叫。公狼也跟着它凄凉地叫了起来。小狼也学着它们的父母发出尖细的叫声。

村庄里的家畜一听见狼嗥，都吓慌了神，只听见牛哞哞地叫着，羊也发出可怜的咩咩声。

母狼迈步向前，后面跟着公狼，再后面是三头小狼。

它们小心地迈着步子，后面一头狼的脚正好踩在前面一头狼留下的脚印上。它们就这样整齐地穿过树林，向村庄走去。

母狼突然停住了脚步。公狼也随之停住了。最后，小狼也停住了。

母狼那双敏锐的眼睛恶狠狠地、惶恐不安地闪烁着。它那敏感的鼻子，似乎闻到一股红布散发出的又酸又涩的味道。仔细一看，它发现前面林子边的灌木丛上挂着好多黑乎乎的布片儿。

母狼年纪稍长，可以说比较有"经验"，可这样的阵势它也是第一次碰到。但有一件事它很清楚：有布片的地方，就一定有人。谁知道呢，也许他们这会儿正埋伏在田里守候着它们吧。

还是往回走吧。

想到这儿，它掉转身子，连蹿带跳，跑回了树林深处。后面紧跟着公狼。再后面是三头小狼。

它们迈着大步，穿越整个树林，来到树林的另一边，它们再次停住了脚步。

又是布片儿！还是挂在那儿，好像一条条吐出来的鲜红舌头。

于是，这群狼在树林里**东奔西突**（慌慌忙忙东奔西窜），一次次穿过树林。可是，不论是这儿，还是那儿，总之到处都挂满了布片儿，哪儿都没有出路。

母狼觉得情形不妙了，一定有危险，赶紧逃回密林，气喘吁吁地躺倒在地上。公狼和小狼也都跟着

名师讲堂
照应前文，进一步表现出了狼的狡猾。

名师讲堂
暗指猎人们的捕猎方式非常新颖。

名师讲堂
母狼、公狼和小狼来到树林另一边，又看见了红布片。

躺下了。

看来，它们逃不出这个包围圈了。那就只能饿着。谁知道外面那批人到底想干什么？

天气真冷呀！肚子饿得咕噜咕噜乱叫。

第二天早上

清晨，天刚蒙蒙亮，村庄里的两支队伍就出发了。

其中一队人数比较少，都是佩带枪支的猎人，他们都穿着灰色长袍。之所以穿灰衣裳，是因为冬季其他颜色的衣裳在树林里都太显眼。他们围着树林走了一圈，把绳子上的小旗子悄悄地解了下来，然后在灌木丛后分散开，排成一个长蛇阵。

另外一队则是农场职工，这组人数比较多。他们手里拿着木棒，先在田里面等着。直到听到指挥员的号令，他们才一起走进树林。他们在树林里一边走，一边彼此高声呼应，还不停地用木棒敲击树干。

围攻

狼正在静悄悄的密林深处打盹儿，猛听到从村庄方向传来一阵喧哗声。

母狼猛地**一跃而起**（指一下子跳起来），向与村庄相反的方向逃窜而去，公狼和小狼紧随其后。

它们脖子上的鬃毛竖着，夹紧了尾巴，两只耳朵

向背后竖起，眼睛里直冒火光，不顾一切地飞奔着，逃窜着。

到了树林边，又看见一串串像燃烧的火焰似的红布片。

此时，狼已经感到了莫名的恐惧和惊慌，它们转身飞也似的往回逃。

可是，呐喊声已经越来越近。听得出，有大批人正在向它们围过来，木棒敲得树林都震动了。

狼群吓得又往回逃，鬃毛竖得更直，尾巴夹得更紧，两只耳朵向后背着，眼睛直蹿火，不顾一切地飞奔着，逃窜着……

再次来到树林边。这里没有似火的红布片了。

此时，狼的恐惧和警惕不禁瞬间消失了，快往前跑呀！

于是，这群狼正好冲着已经等候了大半天的猎人队伍跑了过来。

突然，从灌木丛后喷射出一道道火光，枪声噼噼

名师讲堂

　动作描写，形象地描写出了狼群惊慌失措的状态。

啪啪地响了起来。公狼猛地蹿了个高，又扑通一声跌在了地上。小狼们满地打滚，叫声连连。

猎人们的枪法很准，小狼们全部被打死了。只有老母狼不知去向，谁也没有注意到它是什么时候逃走的。

从那之后，村庄里再也没有发生牲畜丢失的事情。

猎狐狸

经验丰富的猎人塞苏伊奇具备准确的判断力，就拿猎狐狸来说吧，他只要看看狐狸留下的脚印，就能心中有数了。

一天早晨，刚刚下过冬天的头一场雪，地面上盖上了一层薄薄的雪。塞苏伊奇走出家门，他发现田里的雪地上有一串狐狸的脚印，清清楚楚、整整齐齐。小个子猎人不慌不忙地走到脚印旁，蹲下身仔细观察了一会儿。随后，他卸下滑雪板，一条腿跪在滑雪板上，把一根手指弯起来，伸进狐狸留下的脚印洼处，横着量量，竖着比比。接着，他又思考了一会儿，然后套上滑雪板，沿着脚印一直向前滑着，一路紧盯着脚印观察。他一会儿钻进灌木丛，一会儿又钻出来，接着滑到了一片小树林边，又不慌不忙地围着小树林滑了一圈。

随后，他从林子里头钻出来，就以最快的速度滑回了村庄。他乘着滑雪板，在雪地上尽情飞翔。

冬季的白天十分短暂，他用在察看脚印上的时间，就足足有两个小时。但是，塞苏伊奇已经暗暗下定决心，今天一定要捉住这只狐狸。

现在，他走向我们这里另外一个猎人谢尔盖的

家。谢尔盖的母亲从小窗里一看到他，就走了出来，先行站在了门口，并且开口告诉他："我儿子没在家。他也没对我说要去哪儿。"

塞苏伊奇明白老太太没说真话，但他只是笑了笑，说道："你不知道，可我知道他正在安德烈家里呢。"

随后，塞苏伊奇果真在安德烈家里找到了两位年轻猎人。

可是，他刚一进屋，他俩立马不再谈话，并且显出十分不安的样子。即使这样，也掩饰不了什么。谢尔盖甚至还**欲盖弥彰**（想要掩盖坏事的真相，结果暴露得更加明显）地从板凳上站起来，试图用自己的身子遮住身后的大线轴。

"行啦，年轻人，别再遮掩了，我都知道了。"塞苏伊奇开门见山，"昨天夜里，星火农场里的一只鹅被狐狸偷走了，而且我还知道现在狐狸躲在哪儿。"

听了这话，两个年轻猎人不禁有些吃惊。就在半个钟头前，谢尔盖在附近碰到一个星火农场里的熟人，听他说就在昨夜，他们村庄养的一只鹅被狐狸给拖走了。谢尔盖听说后，首先通知了他的好友安德烈。他俩正在商量怎么找那只狐狸，怎么先下手为强把它逮住，免得被塞苏伊奇给抢了先。谁知道说曹操，曹操就到了，而且他还全知道了。

半晌，安德烈才打破了沉默："是哪个多嘴的娘们儿把消息透露给你的？"

塞苏伊奇一声冷笑，说："那些多嘴的娘们儿一辈子也弄不懂这些事儿。我是从狐狸留下的脚印看出来的。现在，我告诉你们：这是只老公狐狸，它脚印挺大，而且圆圆的，印得清清楚楚，所以它个头儿

也应该很大，走起路来不像小狐狸们那样胡乱踩雪。它拖着一只鹅，从星火农场出来，拖到一处灌木丛里，把鹅吃光了。我已经找到那个地方了。这只公狐狸很狡猾，身子胖，毛皮厚，那张皮很贵。"

谢尔盖和安德烈彼此使了个眼色。

"怎么？难道这些单凭脚印就可以断定吗？"

"当然啰！如果这是一只瘦狐狸，吃得半饥不饱的，那它身上的毛皮就又薄又没有光泽。可是老狐狸呢，生性狡猾，总是吃得饱饱的，养得肥肥的，它的毛皮又厚又硬、漆黑油光。那张皮一定值很多钱！饱狐狸和饿狐狸的脚印也不一样：饱狐狸走起路来步子轻松，好像猫儿一样灵巧，后脚踩在前脚的脚印上，一步是一步，整整齐齐的一行。你们可知道，在列宁格勒毛皮收购站，人家会出大价钱抢着买那样的一张毛皮呢！"

塞苏伊奇的话说完了。谢尔盖和安德烈又彼此使了个眼色，然后走到墙角，小声耳语了一会儿。

随后，安德烈对塞苏伊奇说："好吧，塞苏伊奇，你干脆直说吧，是不是来找我们合作的呢？我们没意见啊！你瞧，其实我们也听到了风声，这不，连小旗都准备好了。我们本来想赶到你前面的，可是没赶成。那么就**一言为定**（一句话说定了，不再更改。比喻说话算数，决不反悔），咱们合作吧！"

"第一次围攻，打死算你们的。"小个子猎人**大大方方**（指人的行为、举止自然，不俗气）地说，"如果让它逃脱，就甭想再来第二次围攻了。这只老狐狸应该不是我们本地的，只是路过这里，因为咱们本地的狐狸，没这么大个儿的。它听见一声枪响，就会逃得

无影无踪，一时半会儿别想找到它。小旗子也最好不要带去了——老狐狸可狡猾着哩！它大概被人围猎了许多回，每回都跑掉了。"

可是，两个年轻的猎人坚持要带小旗子。他们说还是带着旗子稳妥些。

"好吧！"塞苏伊奇点了点头，"你们想怎么办，就怎么办！行动吧，年轻人！"

谢尔盖和安德烈立刻准备起来，捐出两个卷小旗儿的大线轴，拴在雪橇上。趁这工夫，塞苏伊奇跑回家一趟，换了套衣裳，顺便又找来五个年轻的职工，叫他们帮忙赶围。

这三个猎人都在短皮大衣外面套上了灰罩衫。

"我们这是去打狐狸，可不是打兔子。"在半道上，塞苏伊奇教导他们说，"兔子是有点儿糊里糊涂的，可是狐狸呢，嗅觉要比兔子的灵得多，眼睛也敏

名师讲堂

　介绍了猎人们在围攻狐狸之前所做的准备。

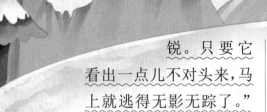

锐。只要它看出一点儿不对头来，马上就逃得无影无踪了。"

大家跑得很快，很快就到了狐狸藏身的小树林。一伙人分散开来：赶围的人站好了地方；谢尔盖和安德烈带了线轴，往左绕着小林子走，一边走一边挂起小旗儿来；而塞苏伊奇则带了另外一个线轴往右走。

名师讲堂

通过对比，形象地表现出了狐狸的狡猾。

"你们要注意仔细看，"分手以前，塞苏伊奇再次提醒他们，"看看有没有走出树林的脚印，别弄出声响。老狐狸狡猾着呢！它只要听到一点儿动静，马上就会采取行动。"

过了一会儿，三个猎人在小树林那边会合。

"一切就绪，"谢尔盖和安德烈回答，"我们仔细检查过了，没有走出林子的脚印。"

"我也没看见。"

他们留下一段通道，约有一百五十来步宽，这里没挂小旗子。塞苏伊奇叮嘱两个年轻的猎人他们最好站在什么地方守候，他自己又踏上滑雪板，悄悄地滑回赶围的人们那儿去。

过了半个钟头，围猎开始了。六个人分散开来，形成一道半圆形的狙击线，朝小树林里包抄过去，不住地互相低声呼应，还用木棒敲树干。塞苏伊奇走在中间，不时地指挥这道狙击线。

名师讲堂

语言描写，又一次突出了猎人塞苏伊奇谨慎的性格特征。

名师讲堂

过渡句，引出下文。

林子里悄无声息。人擦过树枝时，从树枝上无声无息地落下一团团软绵绵的积雪。

塞苏伊奇紧张地等待两个青年猎人的枪声，虽然这两人是他的老搭档，可他还是有些担心。这里很少有那样的公狐狸，对此，经验丰富的老猎人深信不疑。如果错过这次机会，那以后再也碰不到这样的狐狸了。

他已经走到了小树林中间，可还没有听见枪声。

"怎么回事？"塞苏伊奇一面从树干间走了过去，一面**提心吊胆**（形容心理上、精神上担忧恐惧，无法平静下来）地想，"狐狸早就该窜上通道了。"

现在，走到树林边了。安德烈和谢尔盖从他们**躲藏**的那几棵小云杉树后走了出来。

"没有吗？"塞苏伊奇问道，他不再压低声音了。

"没瞧见。"

小个子猎人一句话也没说就往回跑，他要去检查一下包围线。

"喂，到这儿来！"几分钟后，传来了他气呼呼的声音。

大家都走到他跟前来了。

"你们还是追踪兽迹的猎人呢！"小个子恶狠狠地瞪着年轻猎人，从牙缝里挤出这么一句话，"你们看，这是什么？还说没有出林子的脚印！"

"这是兔子的脚印。"谢尔盖和安德烈异口同声地回答，"我们怎么会不知道呢？刚才我们包围的时候就看见了。"

"你们这两个傻瓜，那兔子脚印里头呢，兔子脚印里头是什么？我早就跟你们说过了，这只狐狸可

狡猾了。"

在兔子长长的后脚印里,隐隐约约可以看出,还有另一种野兽的脚印——比兔子的后脚印圆一些,短一些。两个年轻猎人琢磨了半天才**恍然大悟**(恍然:猛然清醒的样子;悟:心里明白。形容一下子明白过来)。

"狐狸为了掩饰自己的脚印,常常踩着兔子脚印走,你们连这个都不知道?"塞苏伊奇一个劲儿发火,"你们看,它一步是一步,步步都踩在兔子的脚印上。你们两个没长眼睛啊!就是因为你们,白白浪费多少时间!"

塞苏伊奇吩咐把小旗子留在原来的地方,自己先沿着脚印跑去。其余的人都默默地紧跟在他后面。

进了灌木丛,狐狸脚印就跟兔子脚印分开了。这行脚印很清晰,只是绕来绕去的,狡猾的狐狸绕了好多鬼花样,他们沿着这样的脚印走了好半天。

这寒冷阴暗的冬日,太阳挂在淡紫色的云上,暗淡无光。大家都**垂头丧气**(垂头:耷拉着脑袋;丧气:神情沮丧。形容因失败或不顺利而情绪低落、萎靡不振的样子),这一天就白白地过去了,大家的体力也白浪费了。脚上的滑雪板似乎变得沉重起来。

突然,塞苏伊奇站住了。他指着前面一片小树林小声说:"老狐狸在那儿,前面五公里都是田野,光秃秃的,没有树丛,也没有溪谷。狐狸要跑过这样一大块空旷的地方,很容易暴露自己。我敢拿脑袋打赌,它就在那儿。"

两个年轻猎人一下子都提起精神来,放下肩上的枪。

塞苏伊奇吩咐安德烈和三个赶围人从小树林右

师讲堂
描写了脚印的奇怪之处,凸显了年轻猎人的粗心和狐狸的狡猾。

师讲堂
猎人塞苏伊奇的怒气让大家不敢出声。

师讲堂
环境描写,衬托出了大家心中的失望和沮丧。

师讲堂
语言描写,塞苏伊奇根据经验得出了新的结论。

面包抄过去，谢尔盖和两个赶围人从小树林左面包抄过去。大家同时走进了小树林。

等他们走了以后，塞苏伊奇自己悄悄地溜到林子中间。他知道，那儿是一小块空地。老狐狸绝不会待在这没遮掩的地方。但是，不论它从哪个方向经过小树林，都一定会走过这块空地。

在这块空地当中，有一棵高大茂密的云杉。旁边有一棵云杉树枯死了，倒在它那粗大茂密的树枝上。

空地周围只有一些矮小的云杉，再就是光秃秃的白杨和白桦。

塞苏伊奇突然想到一个主意，那就是顺着倾倒的枯云杉树爬到大云杉树上去。这样，居高临下，不管老狐狸往哪儿跑，都可以看得见。

但是，这位老练的猎人转念一想：在他爬树的工

名师讲堂

描写了空地上的场景，为下文做铺垫。

名师讲堂

心理描写，表明塞苏伊奇考虑问题非常周全，突出了他的智慧。

夫,狐狸有可能就会跑掉了。而且,从树上放枪,也不方便。于是,他放弃了这个念头。

塞苏伊奇在云杉树旁停住脚步,站到两棵小云杉之间的一个树桩上举起双筒枪,向四周仔细张望。赶围人从四面八方**遥相呼应**(远远地互相联系,互相配合)着。

塞苏伊奇确信:那只非常值钱的狡猾的老狐狸一定在这儿,就在他不远的地方,而且随时都可能现身。突然,他打了个冷战,一团棕红色的毛皮在树干间闪过,径直蹿到毫无遮掩的空地上去了,塞苏伊奇差点儿就开枪了。

不能开枪:那不是狐狸,而是一只兔子。

兔子惊惶地抖动着长长的耳朵,在雪地上坐了下来。

四面八方的人声越来越近了。

兔子跳进了密林,逃得无影无踪。

塞苏伊奇又集中全部注意力,继续等待着。

突然,从右边传来一声枪响。

打死了,还是打伤了?

从左边传来了第二声枪响。

塞苏伊奇放下了枪。他心想:不是谢尔盖,就是

名师讲堂 表明塞苏伊奇充满自信,对自己的判断很有信心。

名师讲堂 动作描写,形象地表现出了兔子的惊恐不安。

名师讲堂 设置悬念,引起读者的阅读兴趣。

安德烈，反正总有一个人把狐狸打死了。

过了不大一会儿，赶围人走到空地上来了。谢尔盖和他们在一起，一脸**尴尬**(处于两难境地，不好处理)的样子。

"没打中？"塞苏伊奇脸色阴郁地问。

"在灌木后头，没打到……"

"你呀……"

"看，这儿！"从背后传来安德烈嘻嘻哈哈的声音，"没逃走啊！"

年轻的猎人走过来，把一只打死的兔子扔在塞苏伊奇脚下。

塞苏伊奇张了张嘴巴，没有说话。赶围的人看着这三个猎人，感到莫名其妙。

"好啊！运气不错啊！"塞苏伊奇终于平静地说，"现在，大家都回去吧！"

"狐狸呢？"谢尔盖问。

"你看见狐狸了吗？"塞苏伊奇反问。

"没有，没看见。我打的也是兔子，在灌木后面，那样……"

塞苏伊奇摆了摆手，说："我看见狐狸被山雀抓到天上去了。"

大家走出了空地，小个子猎人独自落在后面。此时，天还没有黑下来，雪地上的脚印还清晰可见。

塞苏伊奇绕着空地走了一周，走几步，停一停。

狐狸和兔子进入空地的脚印，清晰地印在雪地上，塞苏伊奇仔细察看着狐狸脚印。

不对，狐狸其实没有一步一步地踩着自己原来的脚印往回走，狐狸也没有这样的习惯。

出了这块空地，脚印就完全消失——没看见兔子，也没看见狐狸。

塞苏伊奇走到小树桩前，坐了下来，双手捧着头思索着。

突然，一个很简单的想法在他的脑海中闪过：有可能这只狐狸在空地上打了一个洞，躲进去了。这一点，刚才猎人根本没想到。

塞苏伊奇抬头看看，可天已经黑了。在黑暗里找不到这个狡猾的畜生。

塞苏伊奇只好回家去了。

野兽有时会给人一些非常难猜的谜语，有些人就被那种谜语难住了。塞苏伊奇可不是这种人，即使是自古以来民间传说中以狡猾著称的狐狸，也难不住他。

第二天早晨，小个子猎人又来到昨天狐狸失踪的那块空地上。现在，有狐狸走出空地的脚印了。

塞苏伊奇沿着脚印走去，想找到他要找的狐狸洞。但是，狐狸的脚印把他一直领到空地中央来了。

一行清晰整齐的脚印洼通向倾倒的枯云杉树，顺着树干上去，在茂盛的大云杉树的密密针叶之间消失了。那儿离地约八米高，有一根粗树枝上面一点儿积雪也没有：积雪被一只在这里睡过的野兽擦掉了。

原来，昨天塞苏伊奇在这儿守候老狐狸的时候，这只狡猾的老狐狸就躺在他的头上方。如果狐狸这种动物会像人一样笑的话，它一定会嘲笑小个子猎人的。

不过，经历过这件事情以后，塞苏伊奇就确信：既然狐狸会上树，那它们也一定会笑，而且会笑得很痛快。

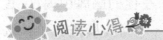

赏好词

悄无声息　亭亭玉立　不计其数　欲盖弥彰

读佳句

　　如果突然一声枪响，马上就有一群群形形色色的鸟儿密密匝匝地飞起来。那喧嚣声简直有如几千面鼓同时擂起来。刹那间，一大片浓浓的黑影落在湖上，因为飞上高空的鸟遮住了太阳的光线。

想一想

1.人们为什么要给鸟类戴上脚环？

2.猎人们是怎样用红色小旗子来打狼的？

 阅读提示

　　皑皑的白雪给大地和树林披上了银白色的盛装,天气越来越寒冷;动物们很难找到食物,饥饿难耐;植物们都准备好了迎接春天的到来,准备好了开始发芽;即便是在寒冷的冬季,人们也没有失去对钓鱼的兴趣……

极度饥饿月

森林中的大事记

林子里好冷啊,好冷啊

　　刺骨的风在空旷的田野里怒吼,在光秃秃的白桦树和白杨树间,满林子肆虐着。冷风钻入飞禽紧密的羽毛,它们感到浑身发冷,**毛骨悚然**(汗毛竖起,脊梁骨发冷。形容十分恐惧)。

　　它们不能蹲在地上,也不能栖在枝头,因为到处冰封雪积,小爪子被冻得难受!它们必须不停地奔跑、跳跃、飞翔,想尽一切办法给自己取暖。

　　谁要是有温暖、舒适的洞穴或巢,有粮食充足的仓库,那它的日子是很舒服的。因为它可以吃饱喝足,把身子蜷作一团,蒙头大睡。

吃饱的不怕冷

　　只要填饱肚子,飞禽走兽就什么也不怕了。饱餐一顿会使它们从体内散发出热量,促使血液变得

名师讲堂
　　运用拟人的修辞手法,生动形象地写出了寒风的肆虐,突出了天气的寒冷。

名师讲堂
　　描绘出飞禽在寒冷的冬季里的艰难处境。

名师讲堂
　　点明对飞禽走兽来说,填饱肚子才是最重要的事情。

更暖和一些，全身的血管中传播着一股温暖的力量。皮下厚厚的脂肪，就是暖和的毛皮外套或羽绒服里最保暖的衬里。就算严寒能穿透毛皮和羽毛，也绝对穿不透皮下厚厚的脂肪层。

如果食物丰富，那冬天绝对不可怕。可是，冬天里的食物在哪里呢？到哪里去找啊？

狼和狐狸在整个树林里蹿来蹿去，但林子里一片死寂，有的鸟兽已经躲到隐蔽的地方过冬去了，另一些则飞到其他地方去了。白天，只有乌鸦在林子里飞过；夜晚，貂鼠在空中不停地徘徊，它们都在努力地觅食。可是，什么也找不到啊！

森林里的日子没法过啊！饿啊！饿得要命啊！

免费盛宴

突然，一只乌鸦先发现了一具马的尸体。

"呱！呱！"一大群乌鸦闻声飞来，想要落下来共进晚餐。

天色已经昏暗，月亮升起来，夜即将来临。

忽然，不知是谁在林子里幽幽地叹了口气：

"呜咕……呜，呜，呜……"

乌鸦吓得飞走了。只见林子里飞出一只雕鸮，直接落在马的尸体上。

它用嘴巴撕扯着马肉，耳朵不停地一抖一抖的，

白眼皮飞快地眨呀眨呀。可是，正当它想美美地吃上一顿时，突然，"沙沙沙沙"，雪地上传来了一阵脚步声。

雕鸮匆忙飞到了树上。一只狐狸溜到马尸跟前。

"咔嚓咔嚓"，一阵牙齿响。刚刚吃了一点儿，一只狼跑了过来。

狐狸慌忙逃进了灌木丛，狼扑到马尸上。它浑身的毛直立着，小刀子似的牙齿使劲地剜起一块块马肉，吃得高兴极了，喉咙呼噜呼噜直响，掩盖了周围所有的声音。过了一会儿，它好像听到了什么似的抬起头，咬紧牙齿，发出咯咯的尖响，好像在威胁着说："不许过来！"接着，它又埋头大吃起来。

名师讲堂

动作描写，形象地描写出了狼进食时兴奋的心情。

突然，一声怪叫在它头顶炸响，狼吓得屁滚尿流，尾巴夹紧，飞也似的逃走了。

原来是森林里的霸主——熊，姗姗而来。

这下子，谁也别想再接近这顿美餐了。

夜幕降临了，熊饱餐一顿，终于打着哈欠走了。在一旁的那只狼一直夹紧尾巴，静静等着这一刻呢。

名师讲堂

从侧面描写出了熊在森林里的霸主地位。

熊刚走，狼就飞奔到马尸旁。

狼吃饱了，狐狸又**迫不及待**（急迫得不能等待。

形容心情急切）地跑来了。

狐狸吃饱了，雕鸮又飞来了。

雕鸮吃饱了，这时乌鸦又飞拢来了。

这时候，天也快亮了，这一席免费盛宴早已被吃得**一干二净**（形容一点也不剩），只剩下一点儿残余的马骨在那里。

芽在哪儿度过冬天

现在，一切植物都在沉睡状态中。它们都准备好了迎接春天的到来，准备好了开始发芽。

这些芽在哪儿度过冬天呢？

树木的嫩芽会悬在半空中过冬。各种草儿的芽，也纷纷选择了适合自己的过冬方法。

例如繁缕，它的叶子在秋天就枯黄了，整棵植物好像死了似的。芽还活着呢，颜色是绿的，它们在枯茎的叶脉里过冬。

而触须菊、卷耳、石蚕草，还有许多其他矮小的草，躲在积雪下保全了芽，自己也**安然无恙**（原指人平安没有疾病。现泛指事物平安未遭损害），准备以绿色的盛装迎接春天的到来。

这些小草的芽都是在地上过冬的，虽然它们身材矮小。

其他草儿的芽也有自己特有的过冬方法。

去年的艾蒿、牵牛花、草藤、金梅花和立金花，此时只剩下半腐烂的茎儿和叶子，在地上什么也没留下。如果你细心，可以在紧挨地面的地方找到。

草莓、蒲公英、苜蓿、酸模和蓍草的嫩芽会在地面上过冬,不过,这些嫩芽被一丛丛绿色的叶簇紧紧包围着。这些草已经准备好了通体嫩绿地从雪底下钻出来。还有许多与众不同的草,在地底下保存嫩芽。像鹅掌草、铃兰、舞鹤草、柳穿鱼、狭叶柳叶菜、款冬这些草的芽,附着在根状茎上过冬;野大蒜、野葱等的芽,依托在鳞茎上过冬;紫堇的芽,则藏在小块茎里过冬。

陆地上的植物的芽,就在这些地方过冬。那些水生植物的芽,可以将自己深埋在池底或湖底的淤泥里睡个好觉。

小木屋里的莺雀

在忍饥挨饿的岁月里,各种林中的飞禽走兽都凑到居民的住宅附近。在这里比较容易找到东西填饱肚子,可以靠一些垃圾来打发日子。

饥饿会使鸟兽变得大胆。就连怯懦的林中居民,也变得胆子大了些。

黑琴鸡和灰山鹑会悄悄地溜进打谷场和谷仓。欧兔跑到村边的干草垛里大吃大嚼。有一天,我们《森林报》通讯员打开自己住的小木屋的门,竟有一只莺雀从大门飞了进来。它身上的羽毛是黄色的,脸颊呈白色,胸脯上还有黑色花纹。只见它轻快地啄食餐桌上的食物屑粒,对人毫不畏惧。

见屋主人掩上门,那只莺雀随之成了他的小俘虏。

它就这样在小木屋里待了足有一星期。没人管它,也没人喂它东西吃,它却一天天长胖了。它从早到晚就在屋里找东西吃。它在屋角找到了蟋蟀,还

名师讲堂 解释说明了水生植物的芽是如何过冬的。

名师讲堂 向读者们介绍了飞禽走兽凑到居民区附近的原因。

名师讲堂 外形描写,简要地介绍了莺雀的外形特征。

名师讲堂 行为描写,介绍了莺雀是如何觅食的。

搜寻藏在地板缝里的苍蝇，啄吃食物碎屑；晚上，它就睡在俄国式大火炕背面的缝隙里。

这一周，它把屋子里的苍蝇和蟑螂都吃光了，于是又叼起了面包；还有书本呀、小盒子呀、软木塞什么的。不管它是什么，只要落在它的视线里，就会被它啄得**面目全非**（样子完全不同了。形容改变得不成样子）。

名师讲堂

形象地表现出了这只荏雀的顽皮。

这时，房主人只好打开房门，把这位毫不客气的小客人撵了出去。

我们怎样去打猎

一大早，爸爸带我去打猎。这一大早的，真的好冷啊！雪地上有很多脚印。爸爸说："这是刚刚踩出来的脚印。离这儿不远的地方，一定有一只兔子。"

名师讲堂

解释说明了爸爸用这种奇怪打猎方式的原因。

爸爸让我沿着脚印走，他自己守在那儿。如果有人把兔子从它藏身的地方撵了出来，它往往会先原地兜个大圈子，再沿着自己以前的脚印掉头跑。

我沿着脚印
走。脚印很多，我
一直往前走。不
一会儿，我就把躲在一棵柳
树下面的兔子给撵出来了。那只受了惊的兔子飞快
地兜个圈，然后踩着自己的脚印跑了回去。我焦急
地等待着那声枪响。一分钟接一分钟地溜过去了。
突然，树林里传出一声枪响。我迅速地朝枪响的地
方跑了过去，只见一只兔子躺在离爸爸大概十米远
的地方。我高兴地上前拾起猎物，就和爸爸带着这
只兔子回家了。

名师讲堂

这声枪响暗
指爸爸已经打到
了猎物。

野鼠搬出了树林

现在，林中许多野鼠的粮仓里已经空了。它们
纷纷离开了自己的洞穴，为的是躲避白鼬、伶鼬、鸡
貂和其他肉食动物。

名师讲堂

向读者们介
绍了野鼠们离开
自己洞穴的原因。

这时，皑皑的白雪给大地和树林披上了银白色
的盛装，已经找不到吃的东西了。所以，成群饥饿的
野鼠跑出了树林。人们的谷仓随时面临着被洗劫一
空的危险，因此，要时刻警惕！

伶鼬在追逐野鼠。可惜鼬太少了，它们不能消
灭所有的野鼠。

快看好粮仓，千万不要被这些可恶的啮齿科动
物给偷走了！

名师讲堂

点明野鼠可
能洗劫人类的谷
仓，使人类面临
饥饿的威胁。

遵守规则的林中居民

现在,所有的林中居民都被严寒的冬天折磨着。林中法则是这样的:冬天要想尽办法逃避寒冷和饥饿的苦刑,要坚定地杜绝孵雏鸟的念头。要知道,只有在夏天,才是孵雏鸟的季节。那时阳光明媚,气候宜人,食物也很丰裕——所有的居民都能吃饱肚子。

可是,在冬天能找到充足食物的居民,就不必遵守这个法则了。

我们的通讯员在一棵高大的云杉上发现了一个鸟巢,里面躺着几枚小小的鸟蛋。这个小鸟巢就在积满残雪的树杈上。

第二天,我们的通讯员又到那儿去了。那几天天气冷得要命,他们的鼻子都被冻得通红。他们往鸟巢里一看,里面已经有几只身子光秃秃的小雏鸟了。它们躺在巢里,眼睛还没来得及睁开呢。

怎么会有这么奇怪的事呢?

其实这没什么好惊讶的。这是一对交嘴鸟夫妇筑的巢,里面是它们刚刚孵出来的交嘴鸟宝宝。

交嘴鸟这种鸟,无论寒冷还是饥饿都难不倒它们。

一年的任何时间里,你都可以在森林里看到这种鸟。它们一会儿从这棵树飞上那棵树,一会儿又从这片树林飞往那片树林,它们总是兴高采烈地互相招呼着。它们一年到头都**居无定所**(本意表示没有固定的居住位置,甚至是属于自己的定居点都没有。从不在同一个地方多停留,随遇而居):今天在这儿,也许明天就到了那儿。

春天,所有的鸟禽都寻找配偶,成双配对,然后

夫妻俩选择一个地方定居下来，直到雏鸟出生。这时候，交嘴鸟们仍然成群结队地满林子乱飞。它们无论在哪儿，都不会停留太久。

在它们热闹的流浪鸟群里，一整年都可以看见老鸟和小鸟在一起的景象。就好像它们的雏鸟，是一边在空中飞一边生下来似的。

在我们列宁格勒，这种鸟还有个名字叫"鹦鹉"。人们给它们这样的称呼，是因为它们长得跟鹦鹉很像，也有一身颜色鲜艳的服装；还因为它们像鹦鹉一样，能在细木杆上爬上爬下，像荡着秋千一样荡来荡去。

雄交嘴鸟的羽毛大多是红色的，有深红也有浅红；而雌交嘴鸟和幼鸟的羽毛是绿色和黄色的。

交嘴鸟的爪子和嘴巴都很灵活，爪子会抓东西，嘴也会叼起东西。它们非常擅长头朝下，尾朝上，用小爪子抓紧上面的细树枝，用嘴巴咬住下面的细树枝，就那么倒悬在空中。

奇妙的是，交嘴鸟死后尸体可以很久不腐烂。老交嘴鸟的尸体甚至可以放上二十年，仍然**栩栩如生**（指艺术形象非常逼真，如同活的一样），连一根羽毛都不会掉，更不会腐烂发臭，就像木乃伊一样。

更为有趣的是，交嘴鸟的嘴巴长得非常奇怪。除它以外，再没有其他什么生物长有那样的嘴巴了。

交嘴鸟的嘴巴，上下两片交错着生长：上半片弯下去，下半片翘起来。

交嘴鸟的本领几乎全靠这张奇怪的嘴巴，它所创造的一切奇迹，都能从这张奇怪的嘴巴上找到答案。

在交嘴鸟刚生下来的时候，其实跟其他鸟儿一样，嘴巴还是直直的。可是等它长大了，就开始学会

名师讲堂

通过对比，突出了交嘴鸟夫妇在生活习性上的与众不同。

名师讲堂

解释说明了"鹦鹉"这个名字的由来。

名师讲堂

向读者们介绍了交嘴鸟的特殊本领——倒悬。

名师讲堂

简要描述了交嘴鸟嘴巴的样子，突出了它嘴巴的奇怪。

啄食云杉和松树硬球果里藏着的种子。这时，它那柔软的嘴巴就慢慢变弯和上下交叉起来，并且从此以后都成了这副模样。这样的嘴巴成为交嘴鸟的一种优势，用交叉的弯嘴巴把球果里的种子钳出来，非常方便。

这样一解释，就很清楚了。

为什么交嘴鸟会终其一生在一片又一片树林里流浪呢？

因为它们需要四处去寻找，看哪儿的球果结得最多最好。比如今年，我们列宁格勒获得了球果大丰收，交嘴鸟就来到了我们这里。而明年，北方如果有什么地方球果结得多，交嘴鸟就会飞往那里。

这也是为什么在冬季里交嘴鸟仍然能在漫天风雪中欢快地唱歌，并且孵育雏鸟了。

因为在冬季，到处都是球果，它们没有理由不欢唱，不孵育自己的宝宝。巢里很暖和，里面铺满了绒毛、羽毛和柔软的兽毛。雌交嘴鸟产下蛋后，就暂时不会离巢了。外出觅食的任务就只能交给雄交嘴鸟。

雌交嘴鸟需要一动不动地孵着蛋，为了使蛋保持一定的温度；等雏鸟钻出蛋壳，雌交嘴鸟就把保存在嗉囊里的，已经被浸软的松子和云杉子吐出来喂给它们吃。所幸在一年四季里，松树和云杉上都有数不尽的球果。

交嘴鸟一旦结为夫妻，就会开始筑巢，生儿育女。每当这个时候，它们就会暂时离开鸟群，不管当时是冬天还是春天。筑好巢，它们就会搬进去。等到雏鸟长大一点儿，这一大家子就会重新加入鸟群。

为什么交嘴鸟死后，尸体会变成一具木乃伊呢？

主要原因就是它们终生都吃球果。在松子和云杉子里,存在大量松脂。有些老交嘴鸟吃了一辈子松子、云杉子,身体已经被松脂渗透了,就好像皮靴被柏油浸透了一样。等它们死后,使尸体不致腐烂的正是松脂。

埃及人就是在死人身上涂满松脂,使尸体变成木乃伊的。

狗熊找到的好地方

一座小山坡上生长着密密层层的小云杉。狗熊就在这座山上住着。深秋时节,它给自己选了一块地方。它用脚爪抓下许多窄长条形的云杉树皮,拿到小山上一个坑里,然后铺上软绵绵的苔藓。它又把坑周围的一些小云杉啃倒了,让这些云杉把坑盖起来——像个小棚子,这样就可以钻进去踏踏实实地睡觉了。

可是,过了还不到一个月,猎狗还是发现了它,它使出**浑身解数**(指所有的本领,全部的技术手段)才从猎人手底下逃脱。它想,直接睡在雪地上算了。但还是被猎人找到了,它再次侥幸逃脱。

第三次它想隐居起来。这次,它找的地方真不错啊,任何人都想不到它躲在哪里。

春天到了,它才发现,原来自己高高地趴在树上睡了一大觉。以前不知什么时候,风暴把这棵树吹折过,树就倒着生长,形成一个坑。到了夏天,大雕把干枝和软草铺在里面,孵完宝宝,就离开了。冬天,这只狗熊为了躲避猎人和猎狗的惊扰,竟爬到这个空中的“坑”里去了。

城市新闻

免费食堂

飞禽整天在挨饿受冻呢。

善良的城里人，给它们开办了免费食堂，或者在院子里，或者在自家的窗台上。有的把小块面包、牛油什么的用线拴起来，挂在窗户外。有的人干脆把盛着谷粒和面包屑的筐子摆在院子里。

荏雀、白颊鸟、青山雀以及许多其他过冬的鸟儿，成群结队地来到免费食堂。黄雀、红雀偶尔也来。

学校的生物角

现在，你不论去哪所学校，都能看见一个学生们建的大自然生物角。生物角摆满了各种各样的箱子、罐子和笼子，里面养着形形色色的动物。这些都是孩子们趁夏天野游的时候逮住的。现在，孩子们可忙坏了，一边要填饱所有小动物的肚子，一边要按照每个小客人的习性和爱好安排一个住处，最后还要看好每一种小动物，防止它们逃跑。生物角的居民包括鸟儿、小野兽、蛇、蛙，还有一些小昆虫。

在一个有生物角的学校，当我看了一些孩子们写下的夏天日记后，我才明白，孩子们并不是随便抓动物来玩玩的，他们的行动很有意义。

6月7日，孩子们在日记本上写道："今天，我们贴出一张宣传单，希望大家把逮到的动物都交给值日生。"

6月10日，值日生记录道："啄木鸟是图拉斯带

名师讲堂

以值日生记录的形式,介绍孩子们带来了哪些动物。

来的。小甲虫是米龙诺夫带来的。蚯蚓是加甫里洛夫带来的。雅柯甫列夫则带来一只瓢虫和一只生长在荨麻上的小甲壳虫。包尔带来一只幼小的篱雀。"

日记上几乎每天都有类似的记录:

"6月25日,我们去池塘边玩耍,捉到好多蜻蜓的幼虫,还有别的小昆虫。还有人找到一只我们非常需要的蝾螈。"

有的孩子把他们抓到的动物详细描述了一番:

名师讲堂

孩子们写了动物观察日记,照应前文"他们的行动很有意义"。

"我们抓到了好多水蝎子、松藻虫和青蛙。青蛙有四只脚,前脚上分别长着四个脚趾;后脚上有五个脚趾,还有蹼。它的眼睛是乌溜溜的,鼻子像两个小洞。青蛙是对人类十分有益的朋友。"

冬天,孩子们还凑钱到商店里买了几种我们本地没有的小动物,比如说乌龟、金鱼、天竺鼠,还有些羽毛鲜艳的小鸟。每当走近生物角,你就能听到里面的房客乱七八糟的喧闹声。有的在尖声叫嚷,有的婉转地啼鸣,有的轻轻地哼唧;有的小房客是毛茸茸的,有的则是光秃秃的,有的长满羽毛。总之,生物角简直是个小型动物园。

名师讲堂

场景描写,表现出生物角里的生物种类繁多。

孩子们还**琢磨**(思考;研究)出交换动物的好主意。夏天的时候,一所学校的学生捉到许多鲫鱼,另一所学校的学生则养殖了很多兔子,都快多得放不下了。于是,两个学校的孩子进行了交换:四条鲫鱼

换一只家兔。

　　低年级学生都是这样做的。而年纪稍长的孩子，则建立了他们自己的小组织，几乎每所学校都建立了少年自然科学家小组。

　　在列宁格勒的少年宫里，也有这样的一个小组。各个学校都选派了最棒的少年自然科学家参与。在那儿，少年动物学家和少年植物学家们，共同学习怎么观察和猎捕动物，怎么照顾逮到的动物，怎么制作动物标本，怎么采集和制作植物标本。

　　整个学年里，小组组员们常常一起到城外许多地方去野游。夏天，小组全体组员集体到离列宁格勒很远的地方去郊游。他们要在那儿住满一个月，每个人都有自己的分工：植物学组组员负责采集植物标本；哺乳动物学组组员负责捉老鼠、刺猬、鼩鼱、小兔子和其他小野兽；鸟类学组组员则负责找到鸟巢，观察里面生活的鸟儿；爬虫类学组组员则去抓青

名师讲堂

　　中心句，起概括和总述的作用。

名师讲堂

　　分别介绍了每个小组的任务，表明孩子们分工明确。

蛙、蛇、蜥蜴和蝾螈；水族学组组员捕鱼类和一切水里生活的动物；昆虫学组组员负责抓蝴蝶、甲虫，还要负责研究蜜蜂、黄蜂、蚂蚁什么的。

少年科学家们，在学校开辟了实验园地和种植果树与林木的苗圃。他们在自己的小菜园里，常常收获辛勤的果实。

他们还把整个过程详细地记录下来，写成日记，主要是描述自己的观察所得和工作状况。

无论是田野、草地、江河、湖泊和森林里的秘密，还是农场职工们的田间劳作，所有这一切，少年科学家都在用心观察。他们的工作其实是对我们伟大祖国**丰富多彩**（内容丰富，花色繁多）的物产资源进行最初的考察。

在我国，新一代的科学家、勘探工作者、猎人、自然工作者正在成长起来。这新的一代是充满智慧、生机勃勃而又具有开创力的一代。

和树同岁的人

我今年十二岁。在我所在城市的大街上有一些槭树，我和它们同岁，因为它们是少年自然科学家在我出生那天栽的。

你们快看啦！槭树已经比我高两倍了！

钓钩永不落空

冬天竟然还有人钓鱼！这可真是太神奇了！

冬天钓鱼的人还不少呢！冬天的时候，鲫鱼、冬穴鱼、鲤鱼是很懒的，它们早早地就冬眠了，可并不

是所有的鱼都这样懒惰。很多种鱼，都只在寒冬三九天的时节才睡觉。山鲶鱼一冬都不睡，甚至还在冬天产卵。

要想钓冰底下的鱼，而且要想最好、最多的话，就用金属制的小鱼形钓钩来钓鲈鱼。可是寻找鲈鱼聚居的地方，是最难的事。在陌生的江河、湖泊里钓鱼时，要根据一些迹象来断定，位置大概确定了后，就在冰上凿几个小窟窿，先试试鱼是不是把鱼食吃了。

想判断某块冰面的下面究竟有没有鱼，一般是这样的：在又高又陡的河岸，一条弯弯曲曲的河里，河中央一般会有个很深的坑，这样，当天气转冷的时候，鲈鱼们就会一群一群地游到坑里来避寒。或者，那种有清澈的途经丛林的溪水流进去的湖或河，一般在湖口或河口附近比较低一点儿的地方会形成一个坑，那里也是鱼类喜欢过冬的地方。芦苇通常都生长在湖或小河水浅的地方，那些自然形成的凹坑一般都在芦苇丛的外围。在那样的深坑里，一般就是鱼儿们选择用来度过冬天的地方。

在冬天里钓鱼的人们，会用镶木把的铁棍在冰面上凿出一个直径20~25厘米的小洞来，在线的一头拴上一个金属材料做的小鱼形钓钩，放进凿好的冰窟窿里。先把它放到水底，估计一下深度，然后开始用一整套熟练利落的动作不断地上下拉动钓钩，不过每次往下放的时候，不能再垂到水底了。小鱼形钓钩在水里面漂着，一闪一闪的，看起来是那样显眼，就像一条活鱼似的，逗引着鲈鱼来吃。贪心的鲈

名师讲堂

简要介绍了冬季钓鱼的最佳器具。

名师讲堂

解释说明了鱼类在冬天藏身的地方。

名师讲堂

向读者们介绍了钓鱼前要做的准备工作。

名师讲堂

解释说明了用小鱼形钓钩钓鲈鱼的原理。

鱼很怕这条可口的小鱼从嘴边溜掉，当然一下子就扑了过去，就这样把假小鱼连同钓钩一起吞到肚里，变成了钓鱼人的可口晚餐。如果某一个地方的鱼不上钩，钓鱼人就会换个地方，到别处再去凿一个新的冰窟窿，继续同样的工作。

名师讲堂

过渡句，提示下面的内容。

山鲶鱼，又被叫做"夜游神"，跟鲈鱼又不一样。要用另一种冰下捕鱼的工具，才能对付得了它们。这种所谓特别的冰下捕鱼工具，其实就是一种小小的像网一样的工具。钓鱼人先找一根绳子，在上面系3～5根线绳（或棕绳），一根线绳与另一根之间差不多距离70厘米。钓钩上挂着鱼饵，这些鱼饵可能是条小鱼，或者一小块鱼肉，又或者是条山鲶鱼们喜欢吃的蚯蚓。绳子的尽头拴上个有点儿重量的坠子，把坠子往冰窟窿一扔，就可以一直垂向水底。在冰面下的水流里，这些挂上新鲜鱼饵的小钓钩，一个个诱人地摆动着，像一道道白送的美餐，绳子的上端再拴上一根棍儿，把棍儿架在冰窟窿上，等棍儿冻结在冰面上以后，钓鱼人就可以放心地离开了。第二天早晨，就可以来取他们收获到的鱼儿了。

名师讲堂

简要介绍了钓山鲶鱼时常用的鱼饵。

钓鲶鱼的好处在于：不用像钓鲈鱼那样，在河上长时间地等待着，挨冻受累。第二天早晨，来到冰窟窿前，提起露在外面的棍儿就能看到绳子上已经钓着一条很长的大鱼了——浑身黏糊糊的，

名师讲堂

向读者们介绍了山鲶鱼的外形特征。

身上有斑纹，嘴上还长着须子，这就是山鲶鱼。

猎事记

冬天是打狼、熊这样大的猛兽最好的时机。

冬天快结束的时候，是一年中森林里饥荒闹得最严重的时候。饥饿极了的狼的胆子出奇的大，它们甚至敢在村庄附近成群结队到处徘徊，寻找食物。至于熊，有的躺在洞里睡大觉，有的在森林里**肆无忌惮**（非常放肆，一点没有顾忌）地游荡。深秋的时候，有些"游荡熊"曾经专靠啃尸体、拖家畜打发日子，因为它们还没来得及做好冬眠的准备，冬天就来了，所以如今只好在外面胡乱游荡。而另一些则是在冬眠过程中受到惊扰逃出来的熊，它们也会在外面游荡，不敢回到旧洞里去，可又不想重新给自己做个窝。

猎"游荡熊"时，一定要穿上滑雪板，带上猎狗。猎狗在深雪里会**穷追不舍**（勇敢地追赶不放松），一直到追上为止。穿着滑雪板的猎人要紧跟在猎狗后面，伺机行事。

猎猛兽可不像打飞禽那么简单，经常会有一些意想不到的事情发生。有时

285

猎人猎到猛兽，却让猛兽给咬伤了，这种事情在我们这里也曾经发生。

带着猪崽打狼

深更半夜，一个人到荒郊野外打猎是一件多么危险的事情，很少有人敢在深夜里孤身一人走进森林。

但是，有一天，出现了这样一个胆大包天的人。在一个月明星稀的夜晚，他赶着马拉雪橇一个人悄悄出了村子。雪橇上还载着一只大大的麻袋，里面装着一只猪崽。

常常有狼在村子周围出没，最近村里的农民不停地向他抱怨，竟然有如此**胆大妄为**（意为胆子十分大，做一些不经过思考的事，泛指毫无顾忌地干坏事或大胆乱做事）的狼，都闯到村子里来了。

猎人很快偏离大路，赶着雪橇，沿着森林边缘，向荒地驶去。

他一只手握紧缰绳，另一只手时不时地扯两下猪崽的耳朵。猪崽的四只脚被捆着，整个躺在麻袋里，麻袋外面只露出个大脑袋。猎人之所以带上猪崽，是因为他想用猪崽的尖叫声把狼引出来。猪崽的耳朵很娇嫩，被人轻轻一扯就会疯狂地叫唤。

果然，他没有失望，只过了一会儿，猎人就看到，林子里好像亮起了一盏盏绿莹莹的小灯泡。小灯泡在黑黝黝的树干间不规则地一会儿移到这里，一会儿移到那里。这正是狼的眼睛在放光。

敏感的马害怕得大声嘶叫起来，随后就向前狂奔。猎人费了好大力气用一只手勒住马的缰绳，另一只手还得继续揪扯猪崽子的耳朵。要知道，狼再胆大也不敢往他的雪橇上扑，因为上面还坐着人。只是猪崽的叫声可以使狼忘掉恐惧，嫩嫩的小猪肉是多么诱人的美餐呀！要是有一只小猪崽在狼耳朵边叫，狼肯定会把所有的危险都丢到**九霄云外**（在九重天的外面。比喻无限远的地方或远得无影无踪）的！

狼看明白了：一只大麻袋，被一根长绳拴着，拖在雪橇后面，在坑坑洼洼的地上一起一落地蹦跳着。麻袋里装满了干草和小猪粪，但是狼以为麻袋里装的就是小猪，因为它们已经听见了小猪的尖叫声，更是闻到了小猪的气味。

于是，狼甘愿为美味的小猪冒点儿险，于是它们从林子里一齐蹿了出来，向雪橇扑了过去，一共是六只、七只……啊！一共有八只壮壮实实的大狼呢！

在空旷的田野里，从猎人的角度看，觉得它们个儿很大。皎洁的月光照射在狼的身上，映得它们本来就油光锃亮的毛更加耀眼，使得它们看起来比实际上大很多。

猎人放开小猪的耳朵，迅速抓起枪。跑在最前面的那只狼，已经追上那个跳动着的装着干草的麻袋了。猎人用枪瞄准狼的肩胛骨下面，扣动扳机。只见那只狼在雪地上翻滚着，猎人随即用另一个枪筒向第二只开了枪。就在这时，马猛地向前一冲，结果这一枪打空了。

猎人赶紧双手抓住缰绳，拼命地把马勒住。可是那些狼已经钻进了树林，跑得无影无踪了。只剩下一只躺在地上，正在垂死挣扎，胡乱地用后脚刨着

名师讲堂

运用幽默诙谐的语言，突出用猪崽做诱饵是十分有效的。

名师讲堂

描写了狼的外形特征，暗指猎人面临着非常大的危险。

名师讲堂

动作描写，描述了猎人击杀狼的过程。

雪。这时，猎人已经把马完全勒住了，他把枪和小猪留在雪橇上，自己去捡死狼。

那天夜里，出现了奇怪的事情：猎人的马竟然自个儿跑回来了，在他的雪橇上，有一杆没装子弹的双筒枪和一只捆着的小猪，小猪还在哀哀地尖叫，可是猎人不见了踪影。

天亮以后，村子里的人都到田野里去寻找，等他们看到了雪地上的痕迹，就明白昨天夜里究竟发生了什么事。

事情的经过应该是这样的：

当时，猎人把打死的狼扛在肩上，朝雪橇走去。当他快走到雪橇跟前时，马突然闻到身后有一股狼的血腥味儿，吓得浑身**战栗**（因恐惧、寒冷或激动而颤抖），不顾一切地向前一冲，飞快地跑掉了。

猎人背着一只死狼，就这样被留在了田野里，落了单。此时，他身上连把刀都没有，枪也留在雪橇上了。

这时，逃跑的狼渐渐镇定下来。它们又从森林里跑出来。于是，猎人被它们包围了。

农民们在雪地上找到了人的骨头和狼的骨头。看来，那群穷凶极恶的狼竟然把死掉的同伴一块儿吃掉了。

上面所叙述的不幸事件是在六十年前发生的。从那时起，再也没发生过狼

吃人的事。狼，如果当时既没发狂，也没受到伤害，就算是看见没带枪的人，也一样会害怕。

名师讲堂

在结尾处对狼的特性进行总结，表明自己的看法和见解。

深入熊洞

有一次，一个猎人在猎熊的时候，发生了一件非常不幸的事。

一次，一个森林守卫员发现了一个熊洞。于是他从城里请来一位猎人，猎人还带来了两条北极犬，蹑手蹑脚地走到守卫员指给他们的一个雪堆前，熊就安然地睡在雪堆下面。

名师讲堂

森林守卫员请来猎人捕熊，为下文做铺垫。

猎人按照平时打猎的规矩，在雪堆的一边站定。一般情况下，熊的洞口总是朝着太阳升起的方向，当熊从雪底下蹿出来的时候，总会向一旁——南侧闪过去。猎人站的地方，需要恰好可以举枪射中熊的肋部——它的心脏部位。

森林守卫员躲到雪堆后面，放开了那两条猎犬。

当猎犬闻到野兽的气味，就会疯狂地向雪堆猛扑。

两条猎犬叫得那么大声，那么凶狠，熊一定会被吵醒。可是，两条猎犬朝熊洞疯狂地吠了半天，里面却一点儿动静也没有。

又过了一会儿，突然从雪堆里伸出一只大黑脚掌，长着长长的指甲。一条猎犬差点儿被它抓住，猎犬惊叫一声，慌忙躲到一边。

接着，熊猛地从雪堆里蹿了出来，就像一座乌黑的小山似的。这一次，十分出乎意料——它并没有向一旁闪身，而是直接朝猎人的方向扑了过来。

熊的脑袋耷拉下来，遮住了它的胸脯。

猎人本能地开了一枪。

子弹经过熊结实的头颅，向一旁飞去，那畜生脑门上生生挨了这么重的一下子，立刻被激怒了。只见它像发疯了似的，猛地把猎人掀翻在地上，然后又把他压在了自己身下。

两条猎犬拼命地咬住熊的屁股，撕扯着它厚厚的皮毛，可这些全都**徒劳无益**(白费劲，没有一点用处)。

森林守卫员也被这一幕吓坏了，他一边撕心裂肺地喊着求救，一边挥舞手里的猎枪，然而这一切也是徒劳无益的。谁都知道，这时绝不能开枪，因为熊和人离得这么近，子弹很有可能打不到熊，却打在猎人身上。

只见熊用它那厚实得有点儿可怕的大脚掌使劲一抓，猎人的帽子，连同头发和头皮一起被撕扯了下来。

接着，它突然向旁边一歪，疯狂地在雪地上翻滚起来，雪地很快被它的血染成了红色。原来猎人虽

然受了伤,却并没慌神儿。他不知什么时候拔出了佩刀,迅速地戳进了熊的肚皮。

猎人的小命儿总算保住了,此后,一张熊皮挂在他的床头。只是现在猎人的头上,总要围上一条暖和的头巾。

名师讲堂

猎人临危不乱,拔出佩刀杀死了熊。

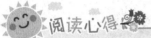

通过《狗熊找到的好地方》里对狗熊躲避人类追杀的描写,可以看出作者的用意:为了保护生态环境,也为了人类自身的发展,请大家爱护动物!

赏好词

迫不及待 一干二净 安然无恙 九霄云外

读佳句

一座小山坡上生长着密密层层的小云杉。狗熊就在这山上面住着。深秋时节,它给自己选了一块地方。它用脚爪抓下许多窄长条形的云杉树皮,拿到小山上一个坑里,然后铺上软绵绵的苔藓。它又把坑周围的一些小云杉啃倒了,让这些云杉把坑盖起来——像个小棚子,这样就可以钻进去踏踏实实地睡觉了。

阅读提示

冬天的最后一个月对动物们来说,也是最难熬的一个月,因为动物仓库里的存粮都快吃完了。白天气温很高,地上的积雪在慢慢融化,晚上寒气袭来,在雪面上冻起了一层冰壳……

熬待春归月

森林中的大事记

苦熬寒冬

名师讲堂

总起句,总领全文。

到了冬天的最后一个月了,这是最艰难的一个月。

森林中居民仓库里的存粮,也都快吃完了。飞禽走兽们都饿瘦了,皮下暖和的脂肪层也消去了。长期吃不饱的生活,使它们没多少体力了。这时,狂风暴雪又好像故意刁难它们似的,在树林里**肆意**(任性;任意)穿梭,温度越来越低。冬爷爷仅能再快乐一个月了,所以它释放出所有的寒气。现在,所有的飞禽走兽只能再坚持一下,凝聚最后的力量,苦熬到春天的到来。我们的森林记者走遍了整个森林。

名师讲堂

陈述了飞禽走兽的坚持,表达了作者对动物们的关爱之情。

他们担心飞禽走兽不能熬到天气转暖,他们看见森林里发生了许多悲惨的事。有些林中居民忍受不住饥饿与寒冷,失去了性命。剩下的还能再坚持一个月吗?其实,有些飞禽走兽,你不用为它们担心,因为它们是不会送命的。

酷寒的牺牲品

酷寒，再加上强劲的北风，那真是太可怕了！在这样的天气之后，你可以在雪地上找到许多冻死的飞禽走兽和昆虫的尸体。风把积雪从树桩下、断树下吹了出来。那里面正好有小野兽、甲虫、蜘蛛、蜗牛和蚯蚓躲藏着呢！风吹走了它们身上避寒的雪被，它们就被冻死了。在飞行途中，鸟被暴风雪击倒了。乌鸦的忍耐力超强，不过在长久的暴风骤雪之后，还是在雪地上发现了它们的尸体。暴风雪过后，森林卫生员立即开始工作。猛禽和猛兽这时也在森林里四处寻找食物，在风雪中冻死的动物尸体都被它们收拾得干干净净了。

名师讲堂

感叹句，表现出了冬天的寒冷难熬。

名师讲堂

用乌鸦的超强忍耐力来衬托暴风骤雪的冷酷。

光滑的冰

有时，在冰雪融化之后，天气突然一下子变得刺骨的寒冷，把融化的雪马上冻成了冰。积雪上的冰层，坚硬、滑溜。鸟兽柔弱的脚爪根本刨不开它，尖嘴也啄不破它。鹿蹄可以踏穿它，不过被踏破的坚硬的冰层的边缘锋利得像把刀，割破了鹿脚上的毛皮和肉。鸟儿怎么才能吃到冰层下的小草和谷粒呢？要是没有能力啄破这坚硬的冰层，就要挨饿。这样的事也会偶尔发生。在冰雪消融的天气里，地上的雪也变得湿润蓬松。傍晚，一群灰山鹑飞落在雪地上，它们轻松地在雪地上刨了几个小洞，在暖和的洞里睡觉呢！不过，到了半夜，温度降低了。山鹑睡在暖和的地下洞穴里，并没有醒，它们感觉不到冷。到第二天早晨，山鹑才睡醒。雪底下挺暖和的，

名师讲堂

运用比喻的修辞手法，形象地表现出了冬天的冰坚硬的特点。

名师讲堂

表明这群灰山鹑完全不知道洞外已经结冰的事情，为下文埋下伏笔。

不过呼吸很困难。得到外面去呼吸点新鲜空气，活动一下翅膀，找些食物吃。它们准备起飞，不过头顶上有一层结实的冰挡着。整个大地就像一个光滑的溜冰场。冰层上没有任何东西，冰层底下则是柔软的雪。灰山鹑把小脑袋使劲撞向冰壳，撞得鲜血直流，要是能钻出这个冰罩子就好了！要是谁能冲出这个死牢笼，就算它还得饿肚子，也算是幸运的。

玻璃一样的青蛙

森林记者敲掉了池塘里的冰，掘开冰底下的淤泥，看到许多青蛙躺在淤泥里，它们依偎在一起，是钻进来过冬的。从淤泥里拖出来的它们，完全就像是用玻璃做的一样。青蛙的身体变得很脆。如果不小心一敲，**纤细**（纤柔，细小）的小腿马上就断了。我们的森林记者带了几只青蛙回家。他们小心地把冰冻的青蛙放在暖和的屋子里，给它们温暖。青蛙渐渐苏醒了，变得活跃起来，在地板上蹦来蹦去。等到春天，阳光融化了池塘里的冰，温暖了水，青蛙就会醒过来，变得活跃起来。

大懒虫

在托斯那河沿岸，距离十月铁路的萨勃林诺车站不远处，有个大砂洞。过去，人们在那里挖沙子。不过现在，那个洞很久没人进去了。我们的森林记者走进了那个洞，发现洞顶上挂着许多蝙蝠：兔蝠和山蝠。它们在那里足足睡了五个月了，头朝下，脚爪紧紧地抓着粗糙不平的砂洞顶。兔蝠把大耳朵藏在折起的翅膀下，用翅膀包裹着身体，仿佛穿着风衣，

名师讲堂

运用比喻的修辞手法，表现出天气寒冷、冰层厚的特点。

名师讲堂

用比喻的修辞手法，形象地表现出青蛙的身体在冬天时很脆弱。

名师讲堂

转折句，引出下文。

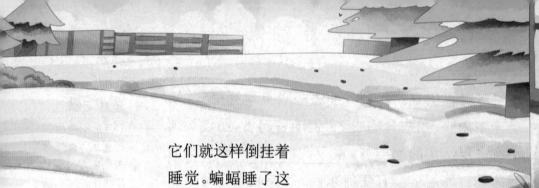

它们就这样倒挂着睡觉。蝙蝠睡了这么久,我们的森林记者有些担心,因此给蝙蝠测了脉搏、量了体温。在夏天,蝙蝠的体温跟我们人一样,大约37摄氏度,脉搏每分钟跳200次。而现在,蝙蝠的脉搏每分钟只跳50次,体温只有5摄氏度。不管怎样,这些大懒虫的健康状况并不令人担忧。它们还可以悠闲地再睡上一个月或两个月,等到天气暖和时,它们就会很健康地醒过来的。

隐秘的角落

今天,我在一个隐秘的角落里,找到了一株款冬。它正好开花了,也不怕寒冷,细茎上似乎还穿着外套,不过,外套很单薄。你肯定不相信我的话,附近都是雪,怎么可能有款冬?我说过,我在"隐秘的角落"里发现了它!好吧!告诉你吧!它生长在一座大楼的南面并且是在暖气管子通过的地方。在隐秘的角落里,雪随时都会融化,所以土是黑颜色的,和春天时一样,散发着热气。

从冰窟窿里探出一个脑袋

有一个渔夫正在涅瓦河口芬兰湾的冰上行走。当他经过一个冰窟窿时,看到从冰底下探出一个光秃秃的脑袋,还依稀长着几根硬胡须。渔夫以为是溺水的人从冰窟窿里浮起的脑袋。不过,这个脑袋

竟朝他转了过来，渔夫仔细一看，竟是张长着胡须的野兽的脸，脸上布满闪闪发亮的短毛。一双明亮的眼睛，有一瞬间呆呆地盯着渔夫的脸。然后，传来一声"哗啦"的声音，兽脸钻进冰底消失了。渔夫这才反应过来他看到的是海豹。海豹正在冰底下抓鱼。它把脑袋探出水面一小会儿，是为了透气。冬天，海豹会从冰窟窿爬到冰面上来，因此渔夫们经常在芬兰湾上猎到海豹。有时，一些海豹追鱼，一直追进了涅瓦河。在拉多牙湖里的海豹**数不胜数**（数都数不过来。形容数量极多，很难计算），那里简直是个真正的海豹渔猎场。

名师讲堂

简要描述了海豹的外形特征和动作。

大力士公麋鹿

森林中的大力士公麋鹿和小个子公鹿，它们的犄角都脱落了。公麋鹿主动扔下头上那沉重的负担：它们在密林里，把犄角用力往树干上磨蹭，一直到犄角蹭下来为止。这时，有两只狼看到了这个解

名师讲堂

向读者们介绍了公麋鹿是怎样脱掉犄角的。

除了武装的大力士,打算向它进攻。它们觉得现在**胜券在握**（指一定能取得胜利）。

一只狼从前面扑向麋鹿,一只狼从后面进攻。意外的是,战斗很快就结束了。麋鹿用两只结实的前蹄,踢碎了一只狼的脑袋,然后立即转过身,把另一只狼踢倒在地。这只狼全身是伤,费尽全力才从敌人身边逃脱。最近几天,公麋鹿和公鹿又长出了新犄角,这是还没有长硬的肉瘤,外面覆盖着柔软的绒毛。

冷水浴的爱好者

在波罗的海铁路加特钦站周围的一条小河上的冰窟窿旁,森林记者发现了一只黑肚皮的小鸟。

那天天气寒冷无比。天上虽挂着明亮的太阳,不过那天早晨,我们的森林记者还不得不好几次用雪擦他那冻得发白的鼻子。

因此,当他听到黑肚皮小鸟快乐地在冰上唱歌时,无比惊讶。他走上前去,看见小鸟跳了起来,扑通一声掉进了冰窟窿里。"投河自尽啦!"森林记者心想,他急忙跑到冰窟窿旁,想救起那只糊涂的小鸟。可是小鸟竟然在水里用翅膀划水,和游泳选手用胳膊划水一样。

小鸟的黑脊背在透明的水里闪闪发光,仿佛一条小银鱼。小鸟潜入河底,用锋利的脚爪抓沙子,在河底跑了起来。它在一个地方停住了,用嘴把一块小石头翻过来,从石子下捉出一只乌黑的水甲虫。没过多久,它已经从另一个冰窟窿里钻出来,跳到了冰面上。它把身上的水抖掉,又唱起快乐的歌来。

森林记者把手伸进冰窟窿里,心想:"可能这里是温泉,水是暖和的吧!"不过,他立马把手从冰窟窿里缩了回来:冰冷的河水把他的手冻得刺骨的疼。这时他才明白过来:眼前的这只小鸟,是一种水雀,名叫河乌。这种鸟,和交嘴鸟一样,不遵循自然规律。

它的羽毛上有一层薄薄的脂肪油。它潜入水中的时候,那油腻的羽毛就会起泡,像银色的光一闪一闪的。河乌好像穿了一件空气制成的衣服,因此,就算在冰水里,它也感觉不到冷。在我们列宁格勒,河乌是罕见的客人,仅仅在冬天的时候它们才会登门拜访。

名师讲堂
介绍了河乌能够在冰水里觅食的秘密。

坚强的生命

在漫长的冬季,当你望着冰雪覆盖的大地,会不由自主地思考:在这片寒冷而干燥的雪海下面,到底还剩下些什么呢?在雪海下面,是不是还有生命存在?在森林、林中空地和田野的积雪上,记者分别挖了一些很大的深坑,一直挖到地面。

名师讲堂
以提问开头,通过提问,启人以思,激发读者的阅读兴趣。

我们在那些地方看到的东西,真的出乎我们的预料。雪里面露出了许多绿色的小叶簇。有从枯草根下钻出来的尖尖的小嫩芽,有被沉重的积雪压得匍匐在冻土上的绿色草茎。它们都活着!原来,草莓、蒲公英、荷兰翘摇、狗牙根、酸模等各种各样的植物,都住在幽静的雪海底下。

在翠绿娇嫩的繁缕上,甚至还长着细小的花蕾。在我们森林记者挖的雪坑的四壁上出现了一些圆形小窟窿。原来这是被铁锹铲断的小野兽的交通道,这些小野兽很擅长在雪海里找东西吃。在雪底下的

老鼠和田鼠啃吃既美味可口又有营养的植物根；食肉兽鼩鼱、伶鼬和白鼬就在雪底捕捉这些啮齿动物和在雪里过夜的小鸟。

从前，人们觉得只有熊才在冬天生小熊。有句话是这样说的：福气好的小孩"穿着衣裳"降临人间。小熊出世，个头很小，和老鼠一样大，它不但穿着衣裳，而且直接穿着皮袄降临人间。现在，科学家们研究发现，冬天有些老鼠和田鼠也生孩子！刚生下来的小老鼠光溜溜的，不过窝里面很暖和，鼠妈妈会给它们喂奶吃。

不要忘记鱼儿

让我们来关注一下鱼儿吧！鱼儿已经在河底的深坑里睡了一个冬天，它们的头上是结实的冰屋顶。在冬季快要结束的二月份里，它们在池塘和林中湖

名师讲堂

在文章中引用俗语，使语言生动活泼，同时过渡也比较自然。

名师讲堂

解释说明了老鼠和田鼠能在冬天生孩子的原因。

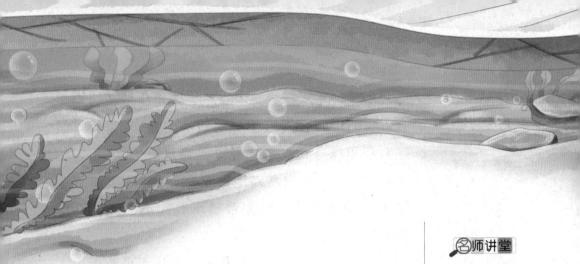

泊里,有时会感到有些缺氧。于是,那些鱼儿就游到冰屋顶下,张开它们的圆嘴,用嘴唇捕捉冰上的小气泡。鱼儿有可能会因缺氧而死。要是那样的话,春天来了,冰雪融化后,你拿着钓竿到这样的池塘边去钓鱼,就钓不到鱼了。所以,一定不要忘记鱼儿。在池塘和湖面上,可以凿几个冰窟窿,不要让冰窟窿再结冰,这样鱼儿才可以呼吸到氧气。

名师讲堂

描写了鱼儿们是怎样在冰底下呼吸的,生动而又形象。

名师讲堂

作者在结尾提出建议,表现出了作者对鱼儿的关爱之情。

城市新闻

装修和新建

城里到处都在忙着装修旧房子,建新房。老乌鸦、老慈乌、老麻雀和老鸽子都在忙着装修去年的老巢。去年夏天才出生的年轻一代在忙着筑新巢。这大大增加了树枝、稻草、马鬃、绒毛和羽毛这些建筑材料的需求量呢!

名师讲堂

承接上文,引出下文。

我爱鸟

我和我的同学舒拉都非常喜欢鸟。在冬天,山雀和啄木鸟这类小鸟时常挨饿。我们很同情它们,于是给它们做了个饲料槽。我家周围,**绿树成荫**

（形容树木枝叶茂密,遮蔽了阳光）。鸟儿总是在树上觅食。我们用胶合板做了一些浅小的盒子,每天早晨往盒子里撒谷粒。鸟儿慢慢已经习惯了,并不害怕飞到盒子前,它们高兴地啄食吃。我们认为,这会给小鸟带来益处。我们希望所有的小朋友们都能参与这件事。

发自森林记者瓦西里亚历山大

城市交通新闻

在拐角处的房子上,有个标记:在圆圈中间画着一个黑色的三角形,在三角形里有两只雪白的鸽子。它的意思是:"当心鸽子!"司机开车经过大街拐角处转弯时,会谨慎地绕过一大群鸽子。这群鸽子就聚在马路中间,有青灰色的,有白色的,有黑色的,有咖啡色的。

大人们和孩子们站在人行道上,丢米粒和面包屑喂鸽子。"当心鸽子!",这个叫汽车注意的牌子,最开始是根据女学生托尼·柯尔基娜的提议,挂在莫斯科的大街上。

现在,在列宁格勒和其他交通繁忙的大城市里,也都挂出了同样的牌子。市民们经常一边喂鸽子,一边欣赏这些象征和平的小鸟。爱护鸟类的人类是光荣的!

返回故乡

《森林报》编辑部收到了许多令人高兴的消息。这些信件来自埃及、地中海沿岸、伊朗、印度、法国、英国和德国。信中提到,我们的候鸟已经在返

名师讲堂
行为描写,体现出了"我们"对小鸟的关心和呵护。

名师讲堂
向读者们介绍了标记的样子和含义。

名师讲堂
介绍了这个标记的产生是来自一个女学生的建议。

乡的路上了。**它们沉着镇定地飞着，一步步占领了刚刚融化出来的大地和水面。**它们会规划好，当我们这儿冰雪融化、江河解冻的时候，就会飞到这里来。

名师讲堂

运用了拟人的修辞手法，使语言更加生动形象。

雪下的奇迹

今天是个雪融天。我到地里挖种花用的泥土，顺便看看我为鸟儿开辟的小菜园子。在那儿，我给金丝雀种了繁缕。金丝雀非常喜欢吃繁缕鲜嫩多汁的绿叶。

繁缕你们都认得吧？**它有着淡绿色的小叶子、隐约可见的小花和缠在一起的脆嫩的细茎。**繁缕紧贴地面生长，要是没有照料好，菜地都会被密密麻麻的繁缕占领。今年秋天，我播下了繁缕的种子，不过种得实在太晚了。种子发了芽，不过还没来得及长成苗。这样，它们就被埋在了雪下，只留一小段细茎和两片子叶。我没指望它们能活下来。可是，当我再去瞧时，它们不仅熬过了冬天，而且还长高大了。它们已经不是幼苗，而是小植物了。好几株上还长着花蕾呢！真让人佩服啊，要知道，它们生长在如此寒冷的大冬天，而且还是在雪底下啊！

名师讲堂

向读者们介绍了繁缕的外形特征。

名师讲堂

表达了作者的感叹，凸显了繁缕顽强的生命力。

神奇的小白桦

昨天夜里，雪花纷飞，我在园子里种植的那棵心爱的白桦树被雪涂成了白色。天快要亮的时候，气温又突然降低了。

太阳升起来了，就悬在明净的天空中。这时我的白桦树变得神奇而迷人：它挺立在那里，从树干到最细的小树枝，都好像涂了一层白釉似的，原来湿漉漉的雪被冻成了一层薄冰。小白桦浑身上下都闪着银光。

这时飞来了几只长尾巴山雀。它们长着厚厚的、蓬松的羽毛，好像一团团上面插着几根织针的小白毛线球。它们停在小白桦上，搜寻可以吃的食物。然而小脚爪总是打滑，小嘴也啄不破冰壳。白桦树似乎是由水晶玻璃制作而成，鸟嘴啄在它冰冷的身上，只有沉重的回响。

山雀牢骚满腹地飞走了。

太阳渐渐升高了，天气越来越暖，冰壳也终于融化了。融化的冰水从神奇的小白桦的树枝上、树干上一股股地流了下来，看上去像一个冰冻的喷泉。水不断往下滴。闪烁着的水珠变幻着颜色，就像一

条条小银蛇似的,沿着树枝滴了下来。

那些山雀又飞回来了。它们落在白桦树的树枝上,一点也不怕冰水沾湿了小脚爪。现在它们可高兴了:小脚爪也不会打滑了,解冻的白桦树还请它们吃了一顿美味的早餐。

《森林报》通讯员　维利卡

猎事记

巧设圈套

说实话,猎人们使用各种妙招抓到的野兽,比用枪打到的野兽要多得多,要想巧设圈套,除了要**足智多谋**(富有智慧,善于谋划。形容人善于料事和用计)之外,还得非常熟悉各种野兽的习性。不仅要学会做捕兽器,还得善于安置它们的位置。

笨笨的猎人尽管也设了陷阱,用了捕兽器,但总也抓不到野兽;而那些经验丰富的猎人所设的机关总能抓到野兽。

那种钢制的捕兽器用不着自己动手去做,只要买现成的就行。但要学会合理摆放它的位置,可就不是件简单的事儿了。

首先,我们应该知道把它摆在哪儿。按照常规,人们通常把捕兽器放在野兽的洞穴旁边、野兽经常来往的小径上,以及会聚和交叉着许多野兽足迹的地方。其次,我们应该学会怎样根据不同的情况来安置捕兽器。

如果想抓非常**机警**（机智敏锐）的兽类,比如黑貂、猞猁等,要先将捕兽器与松针放在一起煮过,放的时候,先用小木锨铲掉地上的一层积雪,然后戴手套把捕兽器放在地面上,放好后,再用雪把它盖上,用木锨把表面弄平。

如果不这样处理,即便隔着一层雪,嗅觉灵敏的野兽也能闻出人的气味和钢铁的气味。想抓身强力壮的大型兽类,就要将捕兽器拴在大树墩子上,免得它被抓到的野兽拖得太远。

往捕兽器里放诱饵时,应该全面考虑到野兽们不同的口味,有的放老鼠,有的放肉,有的则需要放鱼干。

生擒小野兽

像白鼬、伶鼬、鸡貂、水貂等小野兽,是需要生擒的。猎人为了生擒它们,想出了很多好办法,设计了

不少巧妙的机关。其实这些设备挺简单的，每一个人都能自己动手制作。

这些设备都基于一个原理：进得去，出不来。

用一个不大的长匣子，或是一段木筒，在一头开个入口，在入口处拎一扇由粗金属丝做成的小门儿，金属丝的长度要比入口稍长些。这扇小门儿要斜着立在入口处，这样就做成了。

把诱饵放在长匣子或木筒里。小野兽不仅闻得到诱饵的香味儿，而且能隔着那金属丝做成的小门儿看见诱饵。

于是它会用嘴把小门儿拱开，然后爬进去。等它钻进去后，小门儿就自动关上了。想从门里面往外拱是拱不开的，因此这只小野兽就只能**老老实实**（诚实；规矩）蹲在里面，等你去抓它了。

我们还可以在木箱里再装一块"翻板"，把诱饵

名师讲堂

解释说明了生擒小野兽的机关的设计原理。

名师讲堂

照应前文"这些设备都基于一个原理：进得去，出不来"。

挂在木箱没有入口的那一头的上方。要把入口再开得窄一点，在入口处装一个活闩。"翻板"底下装一根横轴，当小野兽爬进去并走到"翻板"中心的时候，横轴就会自动转动，小野兽身子底下这一半的"翻板'就往下落，而靠近入口那一半的"翻板"却向上翘并触动活闩，捕兽箱的入口处的小门就这样被严严堵死了。

名师讲堂

解释说明了用自制机关来捕捉小野兽的原理。

还有更简单的办法：找一个高一点或是大一点的桶，在桶壁的半腰上钻两个相对着的小洞，穿上一根长铁轴。露在外面的铁轴两端固定在两根立在地上的柱子上（我们得事先在两根柱子之间挖个坑，坑的深度约等于半个桶的高度），这个桶就是悬空的了。固定好铁轴的两端之后，我们要让桶保持平衡，把桶斜过来，入口的那一头搁在坑边儿上，桶底那一

名师讲堂

向读者们介绍了捕捉小兽更简单的办法。

头在坑上吊着。诱饵要放在桶底。

当小野兽爬进桶直奔诱饵时，刚爬到桶的中间位置，桶就翻过来了，正好把野兽扣在那个坑里，小野兽怎么也爬不上来了。

在寒冷的冬季，乌拉尔的猎人们想出了一个更简单的方法，就是做"冰桶"。

先装满一大桶水，放在寒冷的户外。桶面上的水、靠近桶壁和桶底的水，比桶中的水冻结得快。等这些部位的冰冻结得有两手指头厚的时候，在桶顶的冰面凿个小圆洞，洞的大小以让一个白鼬能钻进去为准。

然后把桶里没冻成冰的水都从这个小洞倒出去，把桶搬回暖和的屋子里。进屋后，贴近桶壁和桶底的冰就融化了一小层。那时我们不费力气，就能

名师讲堂

　　解释说明了用桶捕捉小野兽的原理。

从铁桶里拔出一个"冰桶"来，这个冰桶是个名副其实的"桶"，上上下下都**严严实实**（形容非常严密整齐）的，只在顶部有个小洞。

名师讲堂

详细介绍了"冰桶"的制作方法和外形特征。

我们往冰桶里扔一点干草，再往里面放一只活老鼠，然后在白鼬或伶鼬的足迹集中的地方，把这个冰桶埋在雪里，使其冰面与积雪的雪面一般高。

小野兽闻到老鼠的气味后，马上就从那个小洞钻进冰桶里。只要它钻进去，就别想再出来了，冰壁那么滑，爬是爬不上来的，冰壁也很厚，嘴都啃不透。

名师讲堂

解释说明了用"冰桶"捕捉小野兽的原理。

我们只要把冰桶打碎，就能取出小野兽了。反正做这样的捕兽器也不用花钱，想做几个就可以做几个。

迎接春天

有一天，气温虽然很低，但是阳光灿烂，在城市的花园里，春天的第一首歌响起来了，原来是荏雀在唱歌。歌曲很简单："欣——希——维！欣——希——维！"就是几句简单的歌词。

不过，这歌声听起来是如此欢快，好像这只快乐

名师讲堂

运用了拟人的修辞手法，表现出小鸟迎接春天到来的喜悦之情。

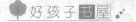

的小鸟，想用鸟语对大家说："脱掉外套！脱掉外套！迎接春天啦！"

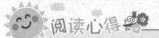

　　春天来临前的最后一个月是最难熬的，我们的人生也是这样，难免会遇见迷茫、失意甚至失败，这种难熬的岁月恰恰是对我们的考验，我们必须要坚持下去。

数不胜数　胜券在握　足智多谋　老老实实

　　太阳渐渐升高了，天气越来越暖，冰壳也终于融化了。融化的冰水从神奇的小白桦的树枝上、树干上一股股地流了下来，看上去像一个冰冻的喷泉。水不断往下滴。闪烁着的水珠变幻着颜色，就像一条条小银蛇似的，沿着树枝滴了下来。

1.为什么河乌不怕冷？

2.猎人们是如何制作"冰桶"的？

读后感
读《森林报》有感

　　《森林报》是苏联著名科普作家维塔里·比安基的代表作。他一生大部分的时间都是在森林里度过的,有着"森林哑语翻译者"和"发现森林第一人"的美誉。他的父亲是著名的自然科学家。受父亲的影响,他很小的时候就喜爱去动物博物馆,去郊外或者大海边。他喜爱观察动植物的习性,还喜爱一切有关大自然的趣事。

　　《森林报》在1927年出版,比安基以其描写动植物生活的艺术才能,用轻快的笔调、采用报刊形式,按春、夏、秋、冬四季,有层次、有类别地报道森林中的新闻、森林中愉快的节日和可悲的事件、森林中的英雄和强盗,将动植物的生活表现得栩栩如生,引

人入胜。

以前，我在看这种科普读物时总觉得枯燥乏味，但《森林报》给了我完全不一样的感觉，我看得津津有味，让我爱不释手。我在这种快乐阅读之中学到了很多知识，可以这样说，自然界中动植物的生活状况、生活习性，在这本书里都能找到。作者以轻快的笔调，生动形象地描绘了这多姿多彩的自然界传奇。让我了解到许多自然界的奇闻异事，也让我明白了如何观察、分析、比较、思考和研究大自然。

这本书还让我懂得了要热爱大自然、热爱生活，更要保护大自然，让大自然越来越美丽！